本書の特色と使い方

この本は，算数の文章問題と図形問題を集中的に学習できる画期的な問題集です。苦手な人も，さらに力をのばしたい人も，１日１単元ずつ学習すれば30日間でマスターできます。

① 例題と「ポイント」で単元の要点をつかむ

各単元のはじめには，空所をうめて解く例題と，そのために重要なことがら・公式を簡潔にまとめた「**ポイント**」をのせています。

② 反復トレーニングで確実に力をつける

数単元ごとに習熟度確認のための「**まとめテスト**」を設けています。解けない問題があれば，前の単元にもどって復習しましょう。

③ 自分のレベルに合った学習が可能な進級式

学年とは別の級別構成（12級～１級）になっています。「**しんきゅうテスト**」で実力を判定し，力のある人はどんどん上の級にチャレンジしましょう。

④ 巻末の「こたえ」で解き方をくわしく解説

問題を解き終わったら，巻末の「**こたえ**」で答え合わせをしましょう。「**指導の手引き**」には，問題の解き方や指導するときのポイントをまとめています。特に重要なことがらは「**チェックポイント**」にまとめてあるので，十分に理解しながら学習を進めることができます。

文章題・図形 12級

本書に関する最新情報は、小社ホームページにある**本書の「サポート情報」**をご覧ください。（開設していない場合もございます。）
なお、この本の内容についての責任は小社にあり、内容に関するご質問は直接小社におよせください。

➡こたえは65ページ

月　日

シール

1日 あわせて　いくつ

(1) あわせると　なんこに　なりますか。

あわせると

① こ

この　ことを　しきで　かきましょう。

(しき) ② ＋ ③ ＝ ①

(2) えんぴつは　ぜんぶで　なんぼん　ありますか。たしざんの　しきを　かいて　こたえを　もとめましょう。

(しき) ④ ＋ ⑤ ＝ ⑥

(こたえ) ⑦

ポイント　あわせた　かずは　たしざんで　もとめます。

1 あわせると　なんだいに　なりますか。

（しき）①□ ＋ ②□ ＝ ③□

（こたえ）④□

2 ねこは　みんなで　なんびき　いますか。

（しき）

（こたえ）□

3 おはじきを，ゆみさんは　6こ，いもうとは　3こ　もって　います。あわせると　なんこに　なりますか。

（しき）

（こたえ）□

4 きょう　1くみでは　4にん　やすみました。2くみでは　3にん　やすみました。やすんだ　ひとは　ぜんぶで　なんにんですか。

（しき）

（こたえ）□

2日 のこりは　いくつ

➡こたえは65ページ

月　　日

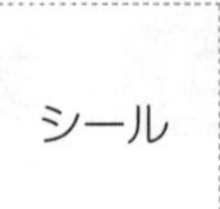

⑴ のこりは　なんわに　なりますか。

① □ わ　のこる。

この　ことを　しきで　かきましょう。

（しき）② □ － ③ □ ＝ ① □

⑵ こうえんで　7にんが あそんで　います。3にん　かえると，のこりは なんにんに　なりますか。 ひきざんの　しきを　かいて　こたえを　もとめましょう。

（しき）④ □ － ⑤ □ ＝ ⑥ □

（こたえ）⑦ □

ポイント のこりの　かずは　ひきざんで　もとめます。

1 いちごが　6こ　あります。2こ たべました。のこりは　なんこですか。

（しき）　① □　－　② □　＝　③ □

（こたえ）④ □

2 くるまが　7だい　とまって　います。1だい　でて　いきました。のこりは　なんだいですか。

（しき）

（こたえ）□

3 えんぴつが　7ほん　あります。5ほん　あげると，のこりは　なんぼんに　なりますか。

（しき）

（こたえ）□

4 りんごと　なしが　あわせて　9こ　あります。その　うち　りんごは　7こです。なしは　なんこ　ありますか。

（しき）

りんごを　とった　のこりが　なしの　かずだよ。

（こたえ）□

➡こたえは66ページ

月　　日

3日 ふえると　いくつ

⑴ 3だい　ふえると　なんだいに　なりますか。

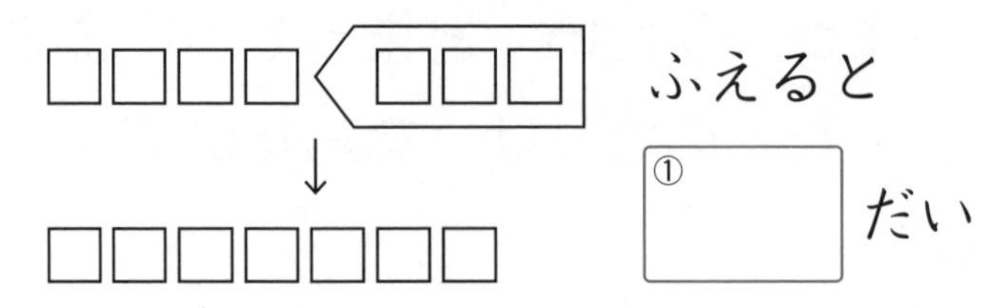

この　ことを　しきで　かきましょう。

（しき）②　＋　③　＝　①

⑵ はなは　なんぼんに　なりますか。

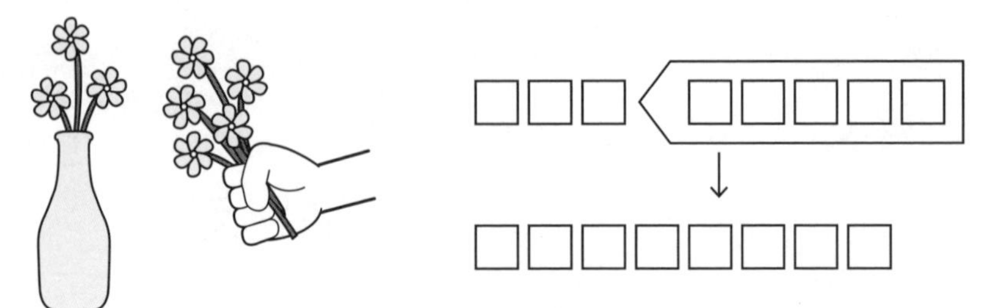

（しき）④　＋　⑤　＝　⑥

（こたえ）⑦

ポイント　かずが　ふえる　ときは，たしざんで　もとめます。

1 あめを　6こ　もって　います。2こ　もらうと　なんこに　なりますか。

（しき）　① ＿＿　＋　② ＿＿　＝　③ ＿＿

（こたえ）　④ ＿＿

2 いけに　あひるが　5わ　います。2わ　やって　きました。みんなで　なんわ　いますか。

（しき）

（こたえ）

3 こうえんで　5にん　あそんで　います。そこに　4にん　きました。みんなで　なんにんに　なりますか。

（しき）

（こたえ）

4 さえこさんは　あおい　おりがみを　3まい　もって　います。しろい　おりがみを　7まい　もらいました。おりがみは　なんまいに　なりますか。

（しき）

（こたえ）

ちがいは　いくつ

➡こたえは66ページ

月　　日

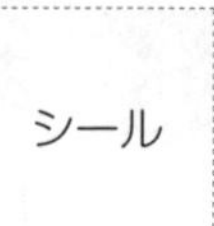

シール

(1) 🐶は　🐵より　なんびき　おおいですか。

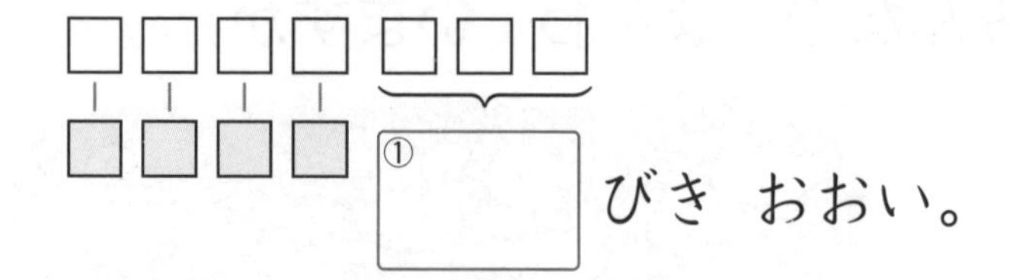

① びき　おおい。

この　ことを　しきで　かきましょう。

（しき）② − ③ = ①

(2) ばすが　5だいと　とらっくが　3だい　とまって　います。かずの　ちがいは　なんだいですか。

（しき）④ − ⑤ = ⑥

（こたえ）⑦

ポイント　かずの　ちがいは，ひきざんで　もとめます。

1 りんごが　6こと　みかんが　4こ　あります。りんごは　みかんより　なんこ　おおいですか。

（しき）　① ［　　］　－　② ［　　］　＝　③ ［　　］

（こたえ）④ ［　　　　］

2 えんぴつが　9ほんと　ぺんが　6ぽん　あります。どちらが　なんぼん　おおいですか。

（しき）

（こたえ）［　　　　］

3 すずめが　8わ，はとが　10わ　います。どちらが　なんわ　おおいですか。

（しき）

（こたえ）［　　　　］

4 しろねこと　くろねこの　かずの　ちがいは　なんびきですか。

（しき）

（こたえ）［　　　　］

まとめテスト (1)

➡こたえは67ページ

月　日

時間 20分【はやい15分・おそい25分】
合格 80点
得点　点
シール

❶ さらは　あわせて　なんまい　ありますか。(10てん)

(しき)

(こたえ)

❷ ちょうが　7ひき　います。2ひき　とんで　いくと　のこりは　なんびきですか。(10てん)

(しき)

(こたえ)

❸ せんべいが　8まい　あります。6まい　たべました。のこりは　なんまいですか。(10てん)

(しき)

(こたえ)

❹ ぬいぐるみが　9こ　あります。ほんだなに　5こ　かざり，のこりを　ながいすに　おきました。ながいすに　おいた　ぬいぐるみは　なんこですか。(10てん)

(しき)

(こたえ)

❺ つりに　いきました。こいを　3びき，ふなを　8ひき
つりました。どちらが　なんびき　おおいですか。(15てん)

(しき)

(こたえ)

❻ ずかんを　6さつ　もって　います。きょう　4さつ　か
って　もらいました。ぜんぶで　なんさつに　なりました
か。(15てん)

(しき)

(こたえ)

❼ あかい　ふうせんが　5こ，あおい　ふうせんが　8こ
あります。ちがいは　なんこですか。(15てん)

(しき)

(こたえ)

❽ きつつきが，きの　みきに　6わ，すの　なかに　2わ
います。みんなで　なんわ　いますか。(15てん)

(しき)

(こたえ)

➡こたえは67ページ　月　日

6日 どちらが　ながい

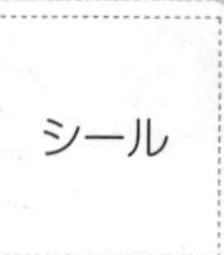

ⓐと　ⓘでは，どちらが　ながいですか。

(1) ⓐ 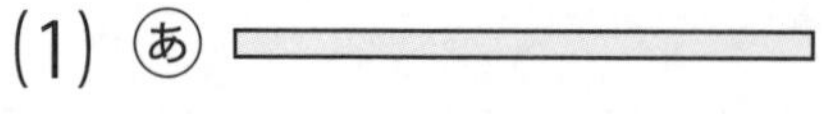

ⓘ 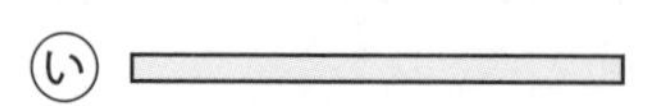

(2) ⓐ 

ⓘ

(3) おって　かさねました。

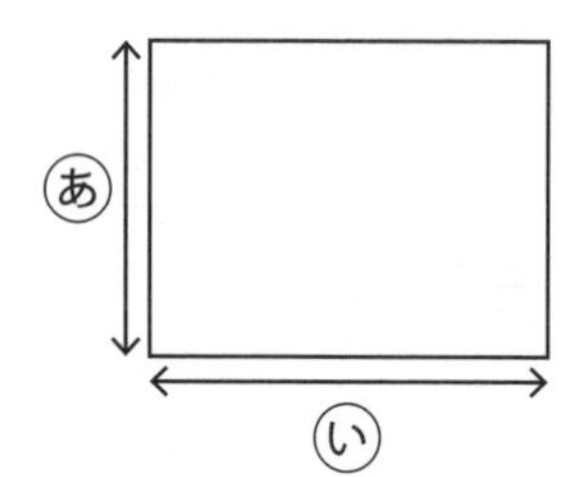

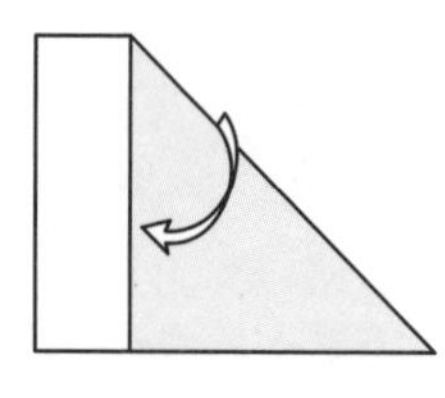

(4) おなじ　ながさの　ぼうを　あてました。

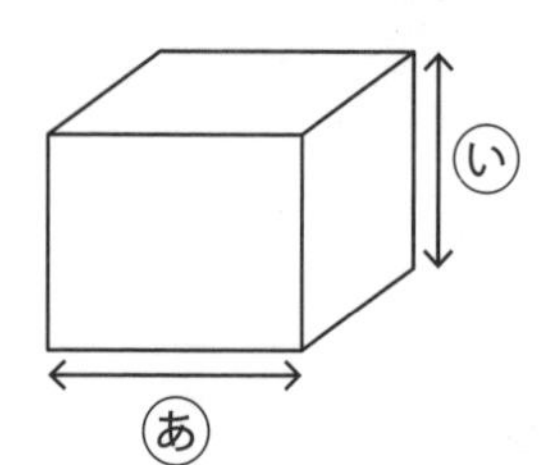

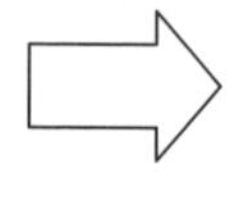

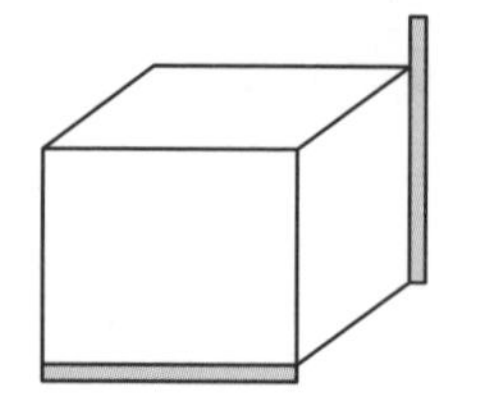

(5)

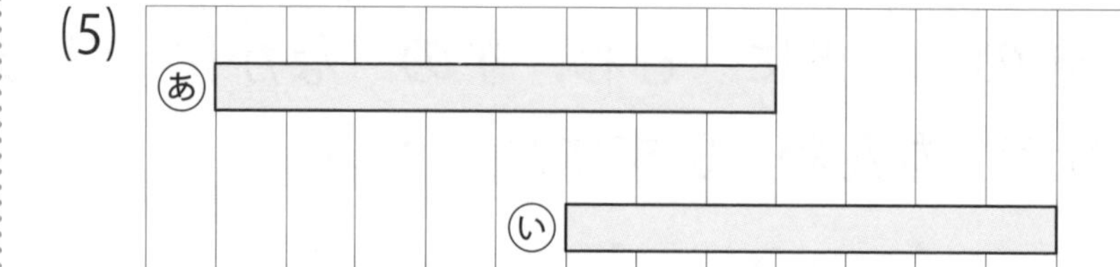

ポイント　おなじ　ながさの　いくつぶんで　くらべます。

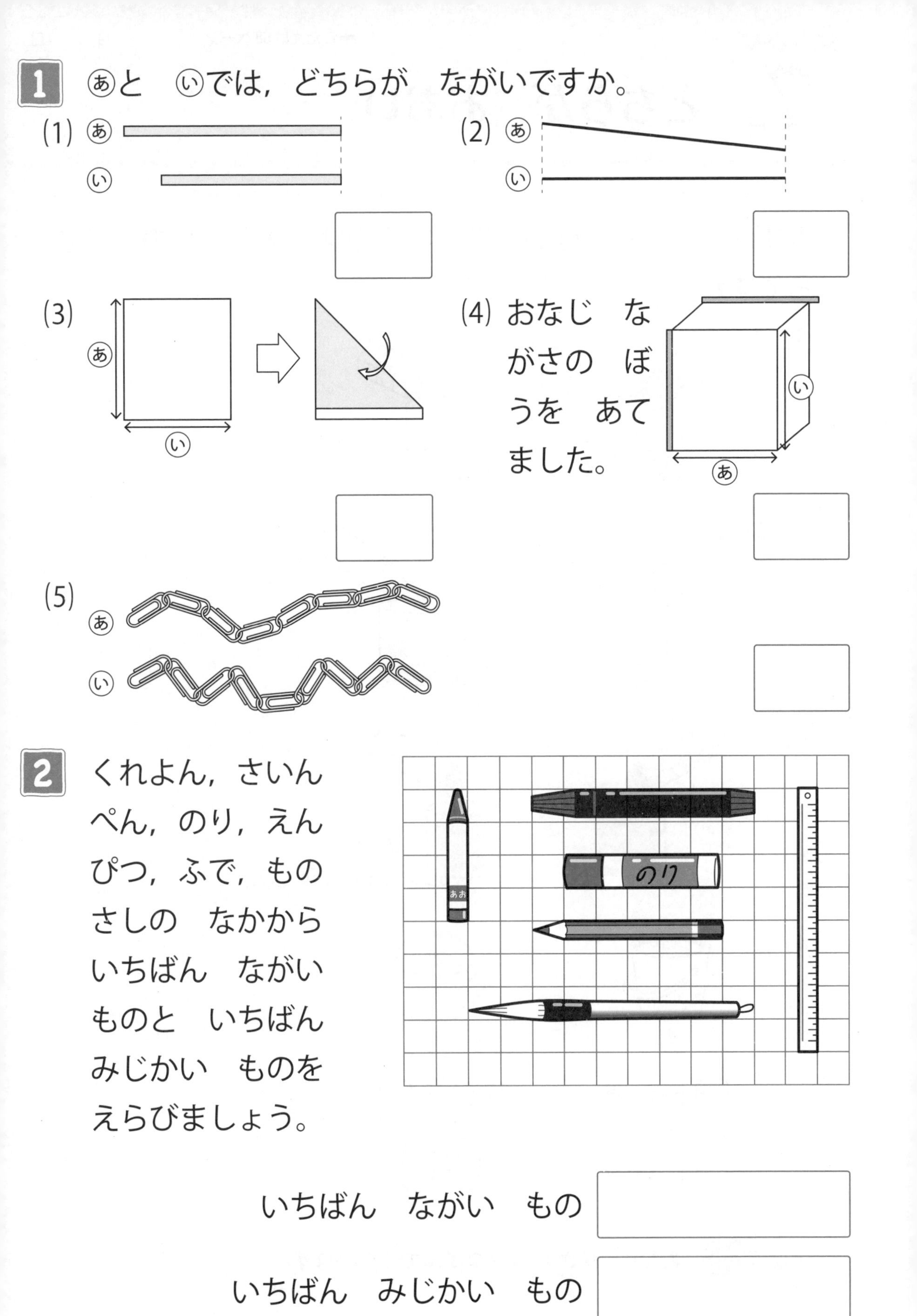

1 Ⓐと Ⓘでは，どちらが ながいですか。

(1) Ⓐ Ⓘ

(2) Ⓐ Ⓘ

(3) Ⓐ Ⓘ

(4) おなじ ながさの ぼうを あてました。 Ⓘ Ⓐ

(5) Ⓐ Ⓘ

2 くれよん，さいんぺん，のり，えんぴつ，ふで，ものさしの なかから いちばん ながい ものと いちばん みじかい ものを えらびましょう。

いちばん ながい もの

いちばん みじかい もの

どちらが　おおい

➡こたえは68ページ

月　　日

みずが　おおく　はいって　いるのは，㋐と　㋑の　どちらですか。

(1) ㋐

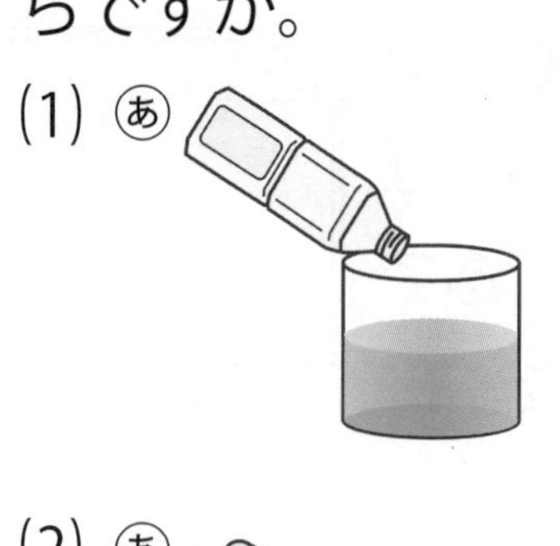

㋑

(2) ㋐

㋑

(3) ㋐

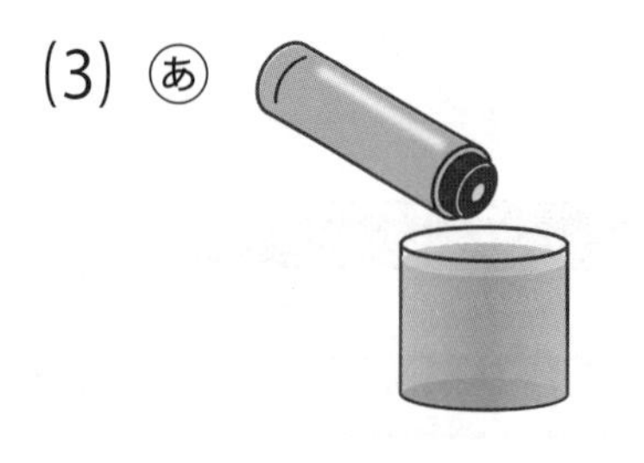

㋑

みずが
こぼれました。

(4) ㋐　㋑

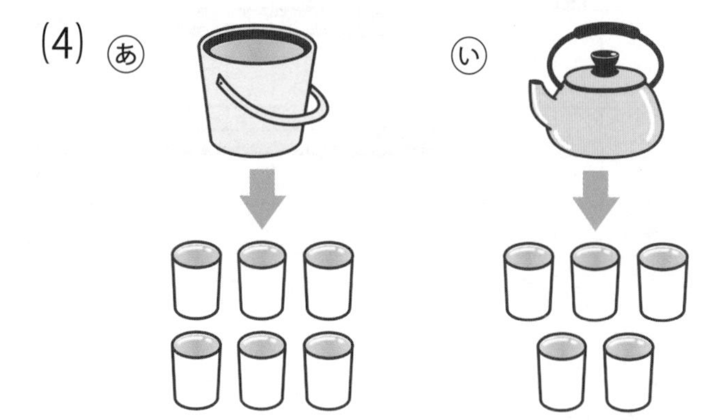

ポイント　おなじ　かさの　いくつぶんで　くらべます。

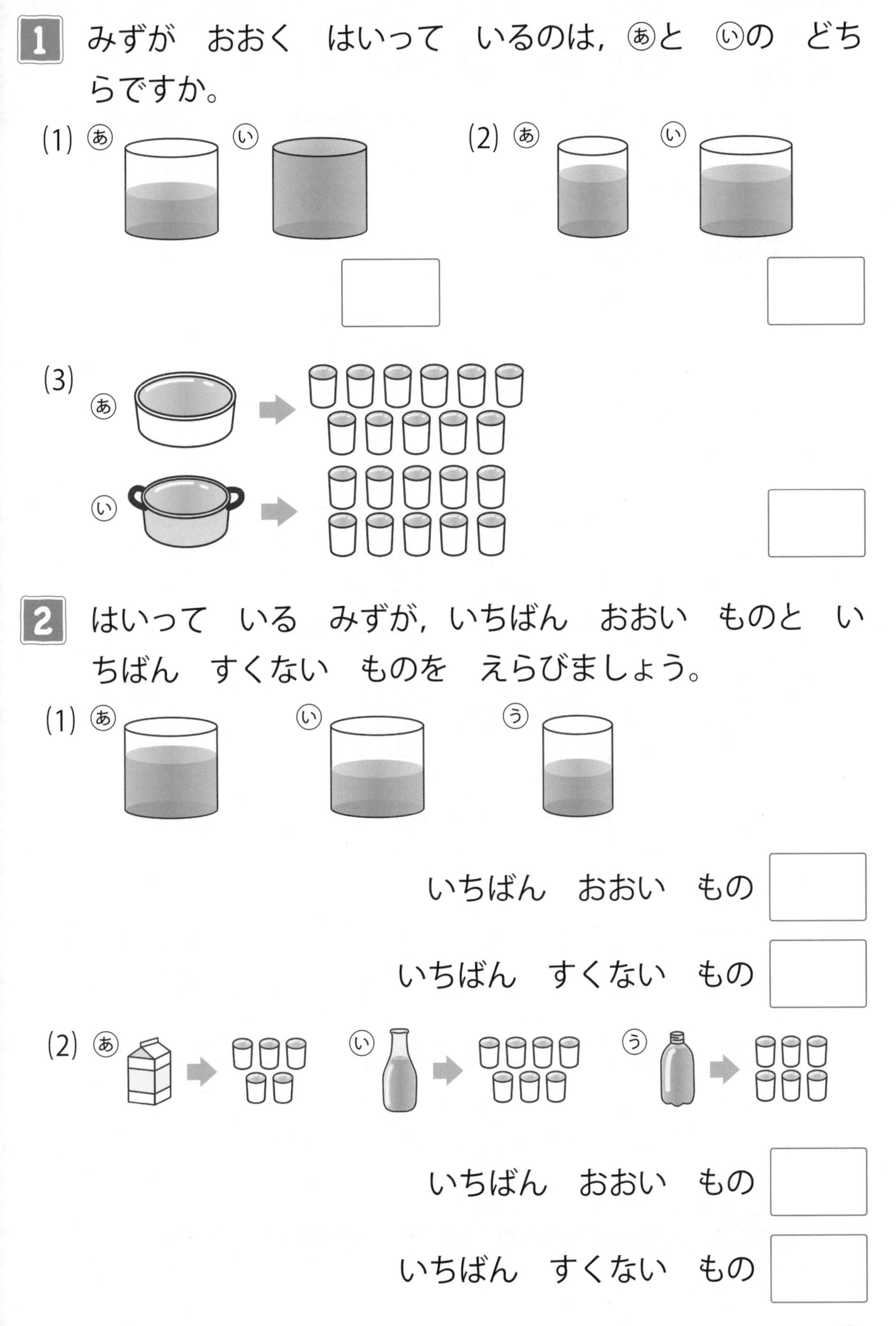

1 みずが　おおく　はいって　いるのは，㋐と　㋑の　どちらですか。

(1) ㋐　㋑

(2) ㋐　㋑

(3) ㋐　㋑

2 はいって　いる　みずが，いちばん　おおい　ものと　いちばん　すくない　ものを　えらびましょう。

(1) ㋐　㋑　㋒

いちばん　おおい　もの

いちばん　すくない　もの

(2) ㋐　㋑　㋒

いちばん　おおい　もの

いちばん　すくない　もの

どちらが　ひろい

➡こたえは68ページ

月　　日

Ⓐと　Ⓘでは，どちらが　ひろいですか。

(1) かさねました。

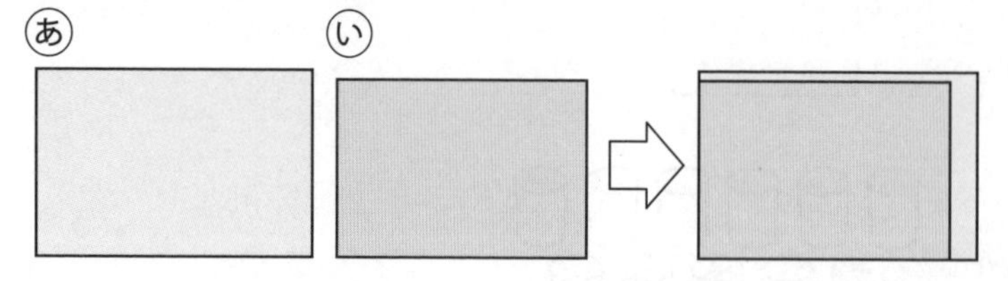

(2) かさねました。

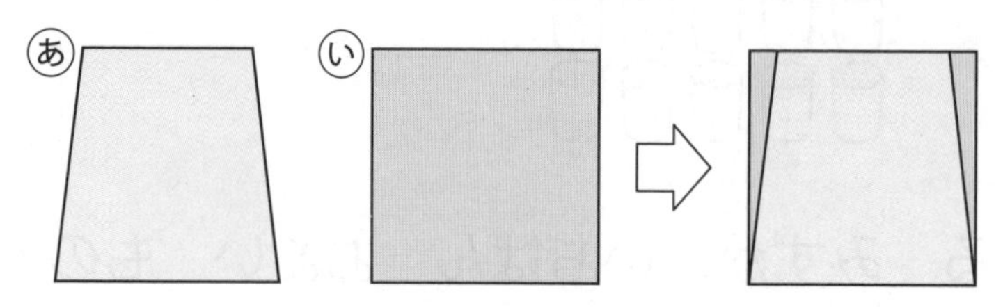

(3)

かさねても　ひろさを　くらべられない　ときは，ますめを　つかって　ひろさを　くらべます。Ⓐの　ひろさは　□の　①□　こぶん，Ⓘの　ひろさは　□の　②□　こぶんだから，ひろい　ほうは　③□　です。

ポイント　□の　いくつぶんで　ひろさを　くらべます。

1 ㋐と　㋑では，どちらが　ひろいですか。

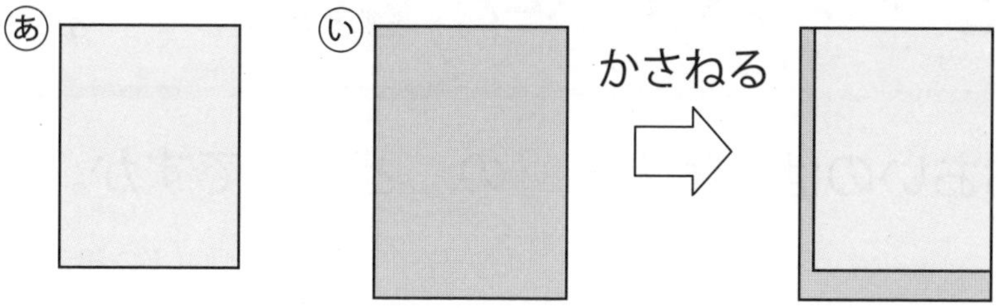

㋐　㋑　かさねる

2 ㋐と　㋑では，どちらが　ひろいですか。

㋐　㋑

□を　かぞえよう。

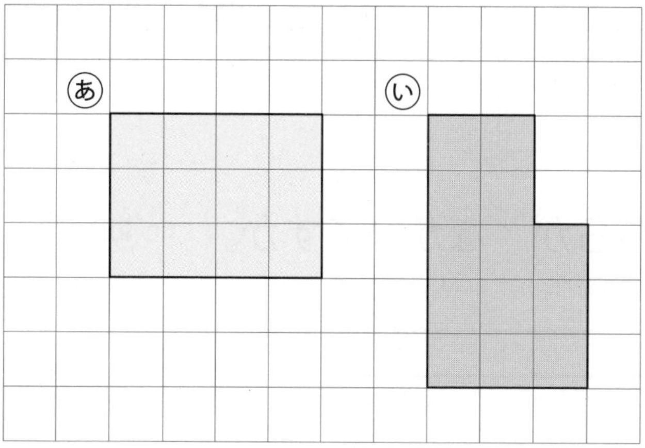

3 ■と　□では，どちらが　ひろいですか。ひろい　ほうに　○を　かきましょう。

(1)

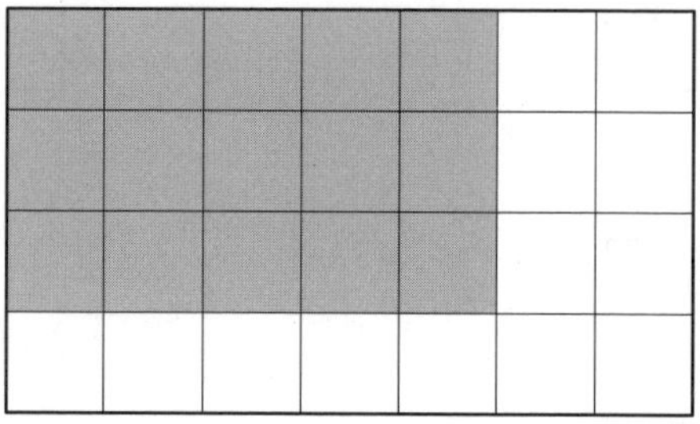

■　□

(2)

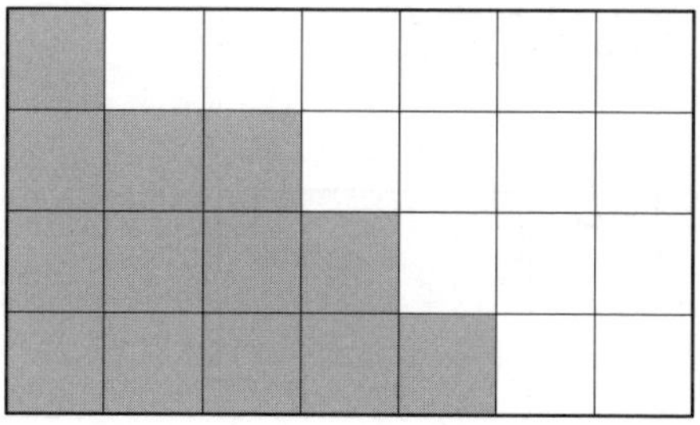

■　□

まとめテスト (2)

➡こたえは69ページ

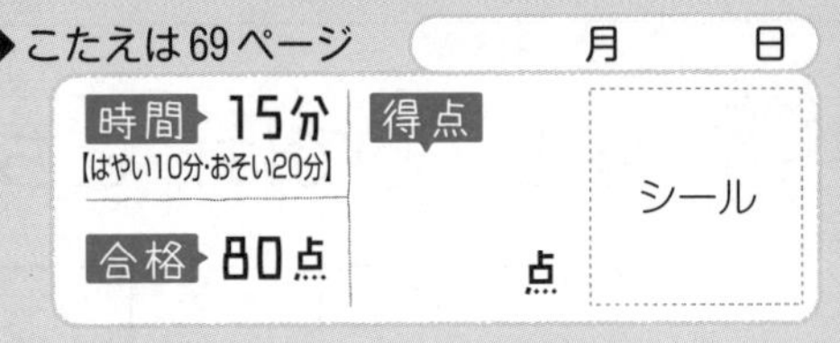

1 みずが　おおいのは，㋐と　㋑の　どちらですか。

（1つ10てん—20てん）

(1) 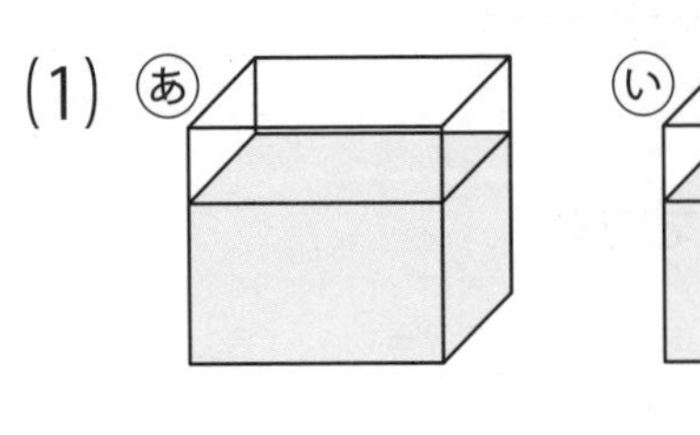 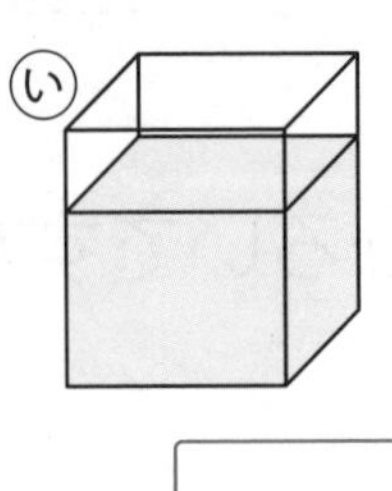

(2) 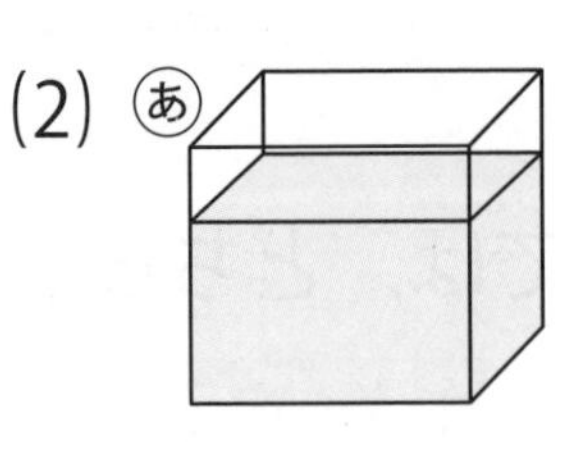 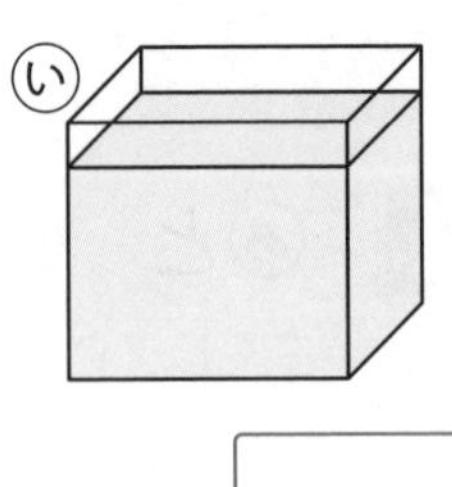

2 ㋐と　㋑では，どちらが　ながいですか。（1つ10てん—30てん）

(1) 

(2) おなじ　ながさの　ぼうを　あてました。

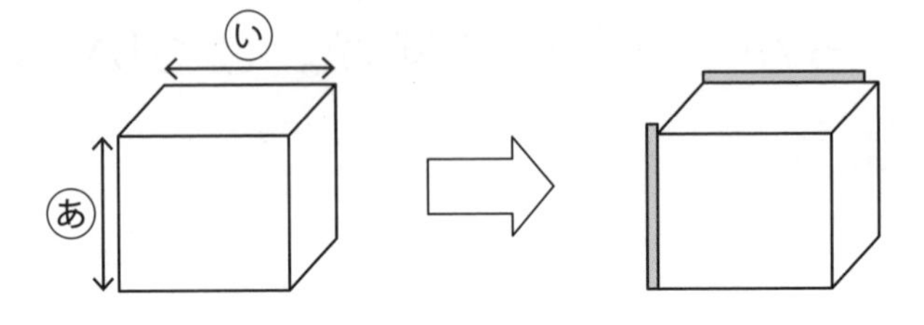

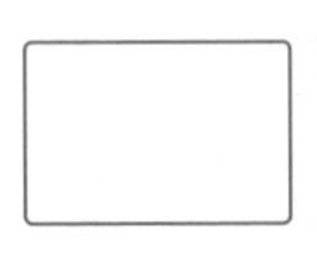

(3) 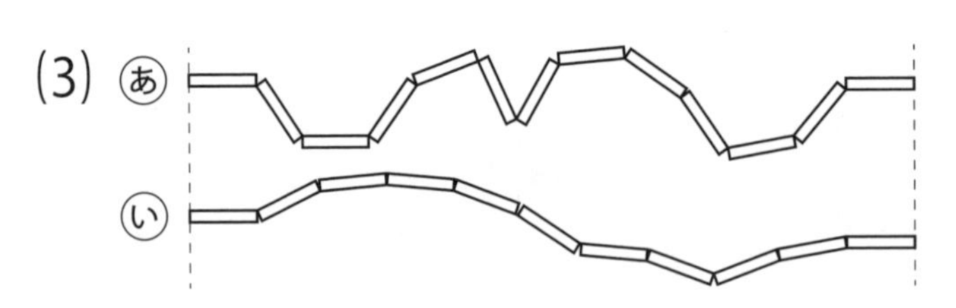

3 ㋐と　㋑では，どちらが　ひろいですか。（10てん）

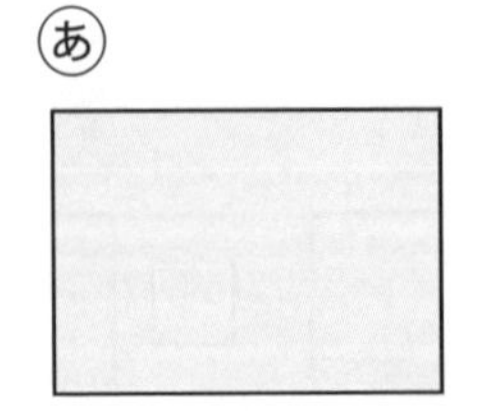
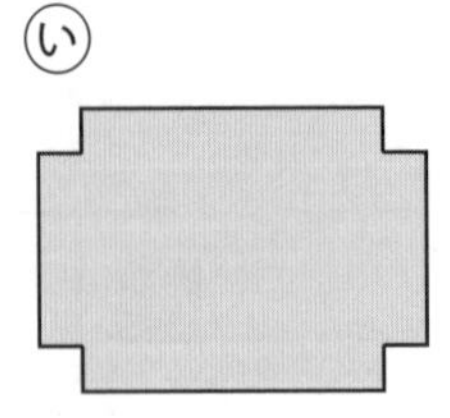

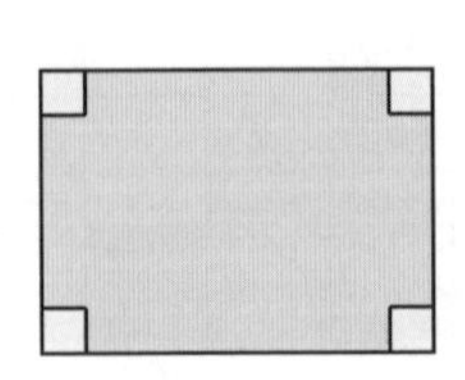

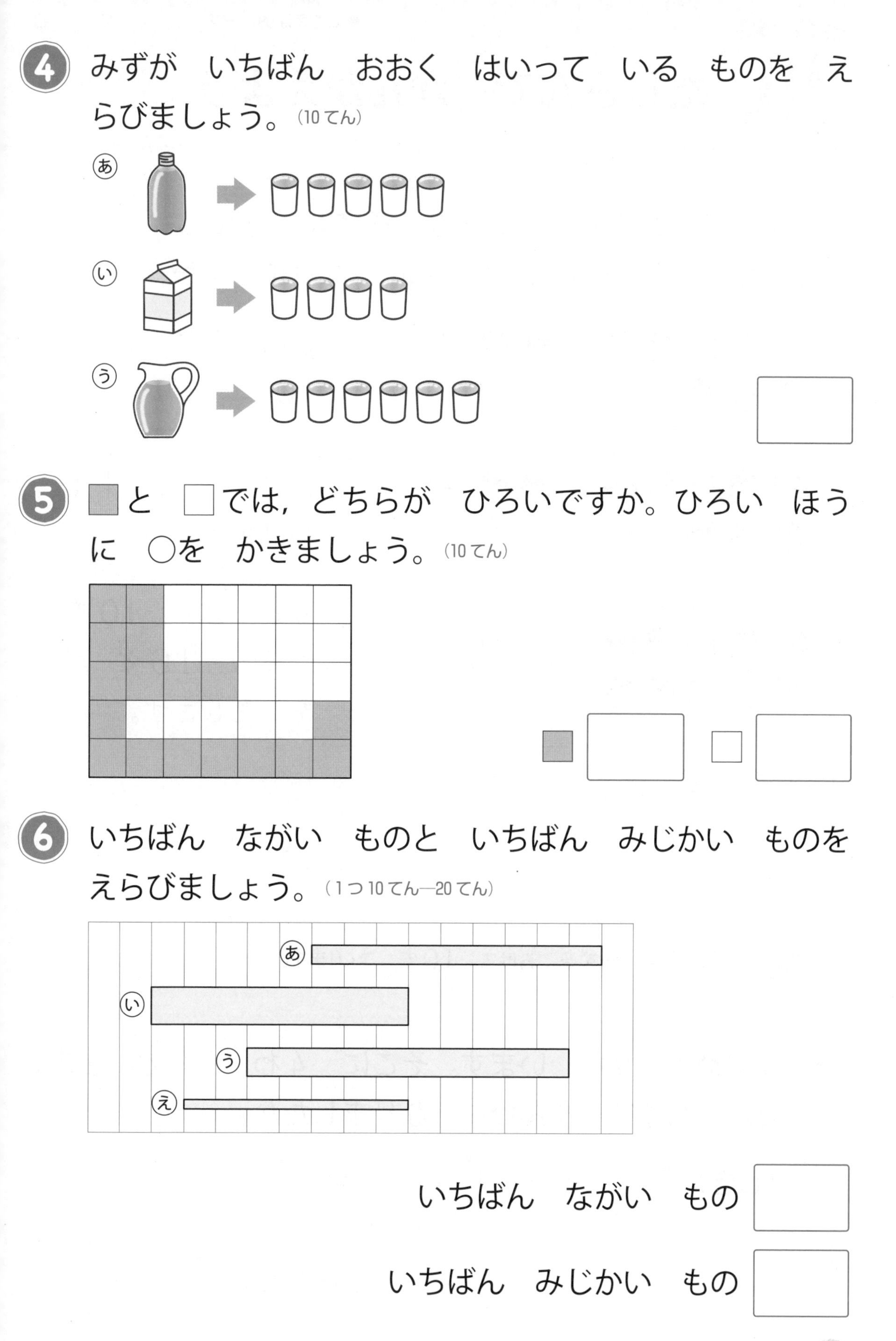

4 みずが　いちばん　おおく　はいって　いる　ものを　えらびましょう。（10てん）

5 ■と　□では，どちらが　ひろいですか。ひろい　ほうに　○を　かきましょう。（10てん）

6 いちばん　ながい　ものと　いちばん　みじかい　ものを　えらびましょう。（1つ10てん―20てん）

いちばん　ながい　もの

いちばん　みじかい　もの

➡こたえは69ページ

月　日

シール

10日 たしざんで　かんがえよう

8にんで　あそんで　います。そこに　3にん　やって きました。みんなで　なんにんに　なりましたか。

8は，あと　2で 10に　なります。

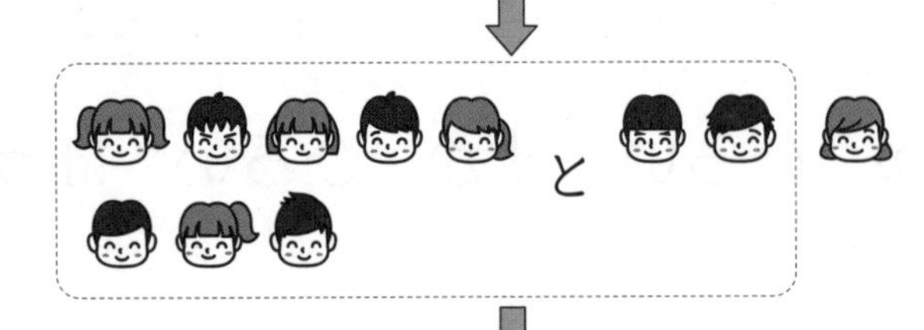

3を　2と　1に わけます。

8と　2で　10を つくり，10と　1 を　たします。

（しき）　8　＋　①　＝　②

（こたえ）　③

ポイント　たす　かずを　わけて　10を　つくります。

1　すずめが　9わ　います。そこに　4わ　とんで　きました。みんなで　なんわに　なりましたか。

（しき）　①　＋　②　＝　③

（こたえ）　④

2 おやねこが　4ひき，こねこが　7ひき　います。みんなで　なんびき　いますか。

（しき）

（こたえ）［　　］

3 じゅうすが　12ほん　あります。あにが　6ぽん　かって　きました。ぜんぶで　なんぼんに　なりますか。

（しき）

（こたえ）［　　］

4 いろがみを　まいさんは　40まい，かずきさんは　30まい　もって　います。いろがみは　ぜんぶで　なんまい　ありますか。

（しき）

（こたえ）［　　］

5 53+6 の　けいさんの　しかたに　ついて，［　］に　あう　かずを　かきましょう。

53は　10が　［①　］つと　1が　［②　］つです。

3と　［③　］を　たすと，9に　なります。

53+6 の　こたえは　［④　］です。

➡こたえは70ページ

月　日

シール

11日 ひきざんで　かんがえよう

ねこが　13びき　あそんで　います。8ひき　かえりました。ねこは　なんびき　のこって　いますか。

13を　10と　3に　わけます。

10から　8を　ひきます。

と

2と　3を　あわせます。

（しき）13　－　①　＝　②

（こたえ）③

ポイント

ひかれる　かずを　10と　いくつに　わけます。
10から　ひきざんして，のこりを　あわせます。

1 あめを，かなさんは　9こ，ゆいさんは　11こ　もって　います。どちらが　なんこ　おおく　もって　いますか。

（しき）①　－　②　＝　③

（こたえ）④　さんが　⑤　こ　おおい。

2 15−7 の　けいさんの　しかたに　ついて，□に　あう　かずを　かきましょう。

15を　10と　①□　に　わけます。

10から　②□　を　ひいて　3

3と　③□　を　あわせて，こたえは　④□　です。

3 みかんが　13こ　あります。4こ　たべると　のこりは　なんこですか。

（しき）

（こたえ）□

4 りんごが　58こ　みのって　います。5こ　とりました。りんごは　なんこ　のこって　いますか。

（しき）

（こたえ）□

5 いろがみが　90まい　あります。その　うち　60まいは　あかで，のこりは　きいろです。きいろの　いろがみは　なんまい　ありますか。

（しき）

10の　まとまりで
かんがえよう。

（こたえ）□

➡こたえは70ページ

月　日

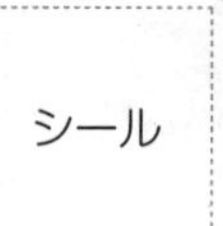

12日 たしざんと　ひきざん（1）

(1) くりが　たくさん　あります。14こ　たべましたが，まだ　4こ　のこって　います。はじめ　くりは　なんこ　ありましたか。

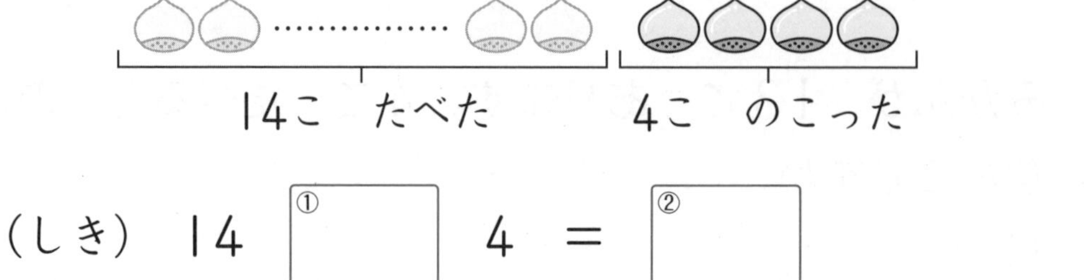

（しき）14 ① 4 ＝ ②

（こたえ）③

(2) いけに　かめと　かえるが　います。かめは　7ひき　います。かめと　かえるを　あわせると　12ひき　います。かえるは　なんびき　いますか。

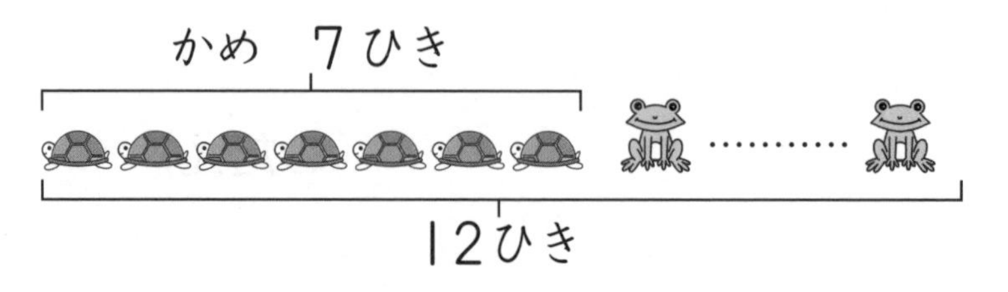

（しき）12 ④ 7 ＝ ⑤

（こたえ）⑥

ポイント　もんだいの　いみを　かんがえて　しきを　つくりましょう。

1 ひろきさんと　たけしさんが　さかなを　つって　います。ひろきさんは　10ぴき，たけしさんは　7ひき　つりました。さかなは　ぜんぶで　なんびき　つれましたか。

（しき）　10 ［①　］ 7 ＝ ［②　］

（こたえ）［③　］

2 ゆみさんと　さとしさんが　たまいれを　しました。ゆみさんは　12こ　なげて，9こ　はいりました。さとしさんは　12こ　なげて，7こ　はいりました。たまは　なんこ　はいりましたか。

（しき）

（こたえ）［　］

3 いろがみが　8まい　あります。つるを　おるのに　8まい　つかいました。のこりは　なんまいですか。

（しき）

（こたえ）［　］

4 10えんだまを　なげました。おもてが　でたのは　6まいでした。なげた　10えんだまは　あわせて　11まいです。うらが　でた　10えんだまは　なんまいですか。

（しき）

（こたえ）［　］

➡こたえは71ページ　月　日

たしざんと　ひきざん (2)

(1) □ の　なかから　かずを　3つ　えらんで，たしざんの　しきを　つくりましょう。つかわない　かずも　あります。

5　8　9　11　13

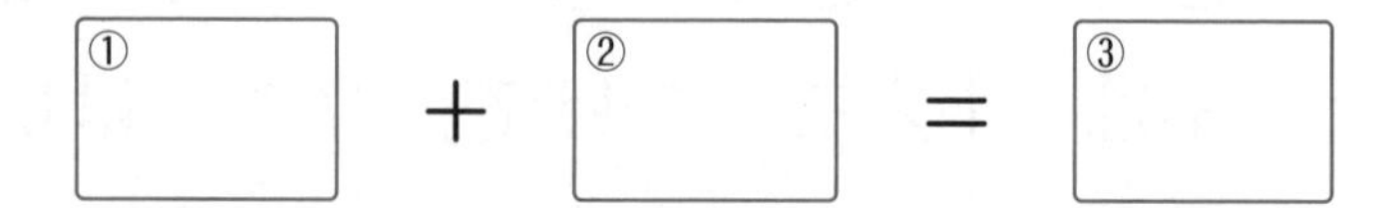

ポイント　じゅんに　しきを　つくって　こたえを　さがします。

(2) こたえが　13+5 の　こたえより　おおきく　なる　しきを　2つ　えらびましょう。

Ⓐ 13+4　　Ⓘ 14+5　　Ⓤ 12+5　　Ⓔ 13+6

13+5	13	5
Ⓐ	13	4
Ⓘ	14	5
Ⓤ	12	5
Ⓔ	13	6

←たす　かず　4が　5より　ちいさい

←たされる　かず　14が　13より　おおきい

1 □の　なかから　かずを　3つ　えらんで，たしざんの　しきを　つくりましょう。つかわない　かずも　あります。

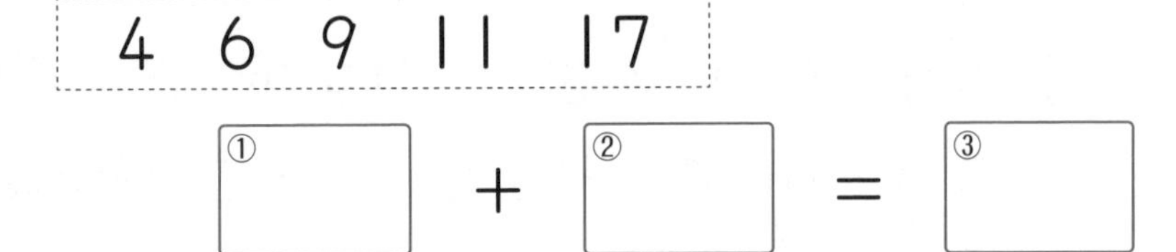

2 50−30 の　しきを　つかって　こたえを　もとめる　もんだいは，㋐と　㋑の　どちらですか。

㋐ あには　50 えん，おとうとは　30 えん　つかいました。ぜんぶで　なんえん　つかいましたか。

㋑ あさがおの　はなが　きのうは　50 こ，きょうは　30 こ　さきました。ちがいは　なんこですか。

3 となりの　かずを　たした　こたえを　うえの　だんに　かきます。あいて　いる　ところに　あう　かずを　こたえましょう。

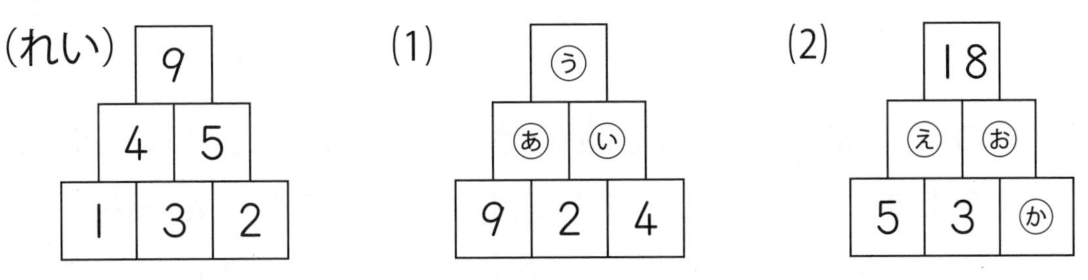

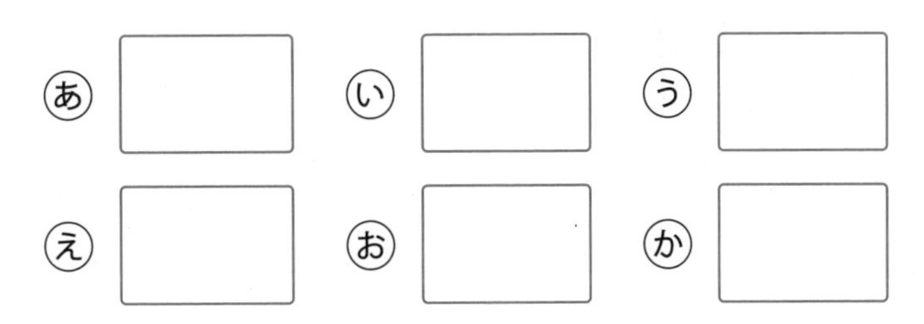

14日 まとめテスト (3)

時間 20分【はやい15分・おそい25分】
合格 80点
得点　点
シール

1 なかよしの　くまと　りすが　どんぐりを　わけます。くまが　60こ，りすが　40こ　とると　ちょうど　わけられます。どんぐりは　なんこ　ありますか。(10てん)

(しき)

(こたえ) □

2 つぎの　かあどを　ならべて，しきを　つくりましょう。

(1つ10てん—20てん)

17　11　9　4　＋　－

(1) □□□＝8　　(2) □□□＝15

□＝8　　□＝15

3 にわの　ばらの　はなを　きって，がっこうに　もって　いきます。24ほん　きりましたが，まだ　4ほん　のこって　います。はじめ　にわの　ばらの　はなは　なんぼん　ありましたか。(15てん)

(しき)

(こたえ) □

4 つぎの　しきを，こたえの　かずが　おおきい　じゅんに　ならべて，きごうで　こたえましょう。(10てん)

㋐ 12+5　　㋑ 13+5　　㋒ 13+6　　㋓ 12+4

[　　　　]

5 [　] に　あう　かずや　ことばを　こたえましょう。

(1つ5てん—30てん)

(1) 6を　たす

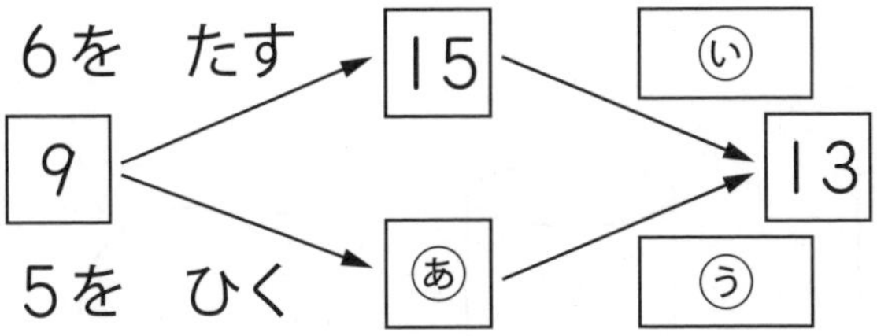

9 → 15 → ㋑ → 13

9 → 5を　ひく → ㋐ → ㋒ → 13

㋐ [　　]　㋑ [　　]　㋒ [　　]

(2) 12 → ㋕ → ㋔ → 2を　たす → ㋓

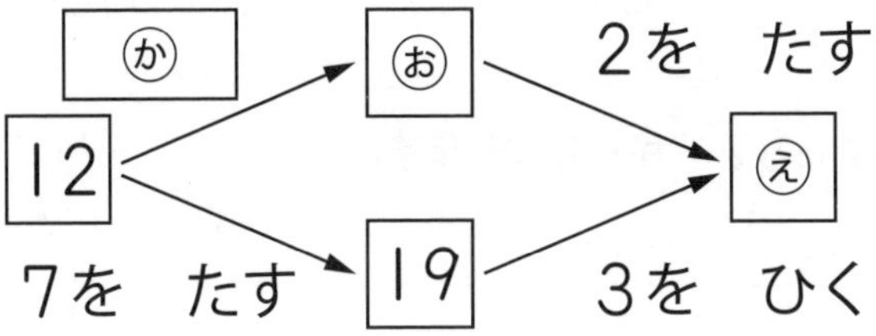

12 → 7を　たす → 19 → 3を　ひく → ㋓

㋓ [　　]　㋔ [　　]　㋕ [　　]

6 こくごと　さんすうの　てすとが　ありました。こくごは　70てんで，さんすうは　90てんでした。てんすうは　どちらが　なんてん　たかいですか。(15てん)

(しき)

(こたえ) [　　　　]

➡こたえは72ページ

月　日

シール

15日 いろいろな　かたち（1）

にて　いる　かたちを　せんで　むすびましょう。

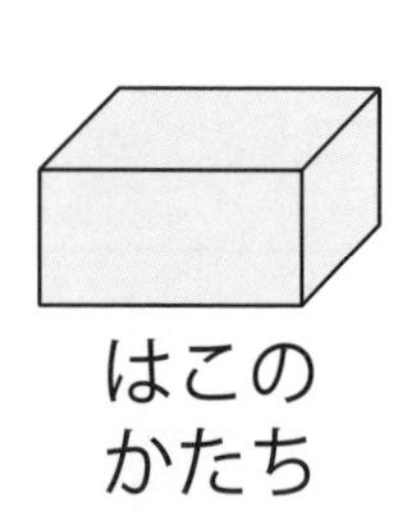
はこの　かたち

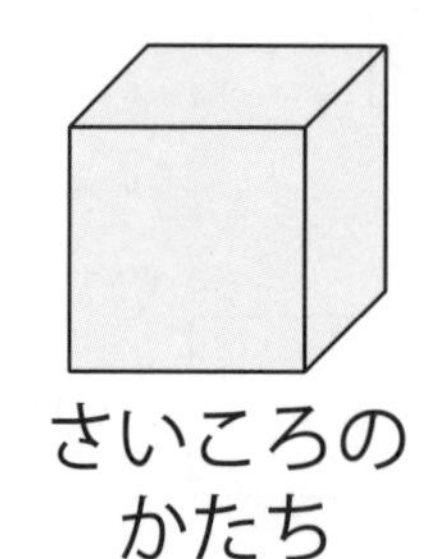
さいころの　かたち

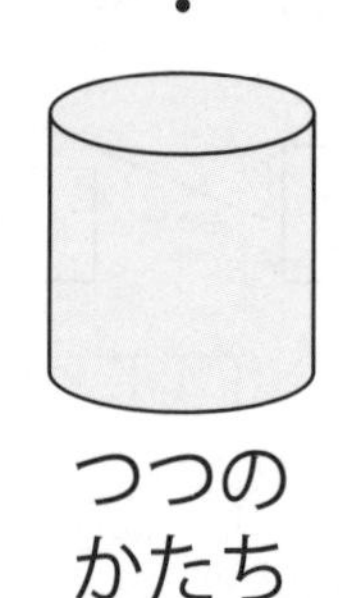
つつの　かたち

どこから　見(み)ても　まるい　かたち

ポイント　たいらな　ところの　かたちを　かんさつします。

1　かたちが　にて　いる　ものを　ぜんぶ　えらびましょう。

(1)

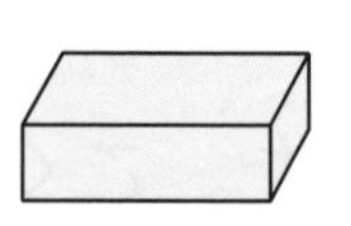

(2)

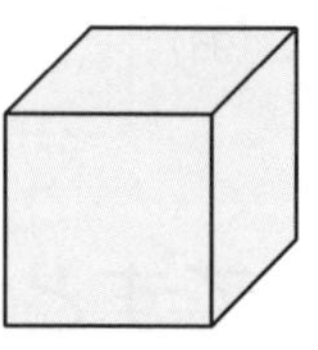

(3)

Ⓐ あ

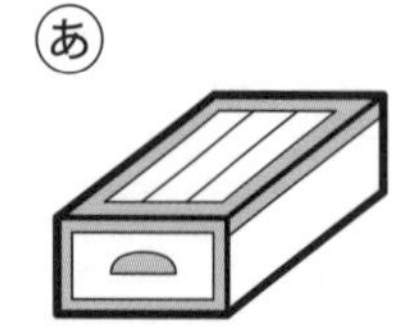

い

う

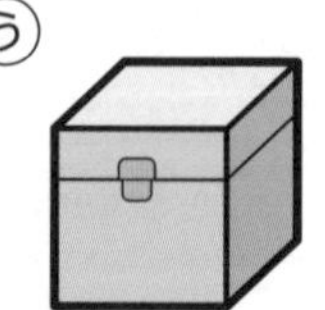

え

お

か

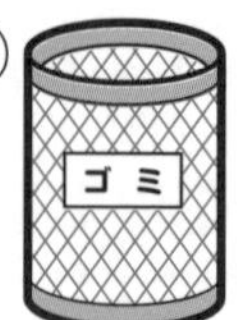

2 つぎの　かたちを　見て　こたえましょう。

あ　い　う　え　お　か

チップス　チョコレート　おどうぐばこ

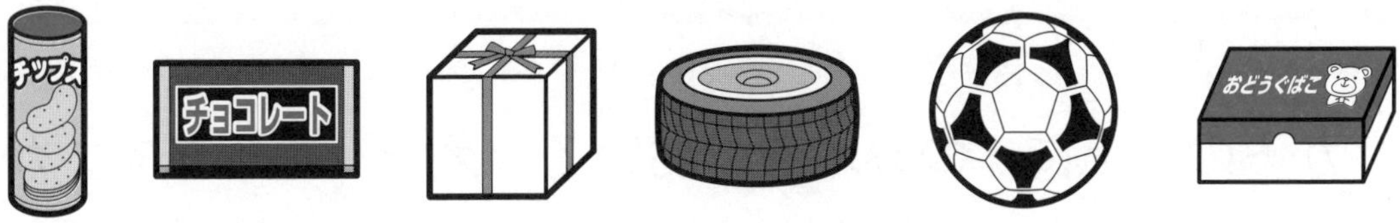

(1) つつの　かたちを　2つ　えらびましょう。

(2) さいころの　かたちを　1つ　えらびましょう。

(3) ころがる　かたちを　3つ　えらびましょう。

3 みぎの　えには，つぎの　(1)〜(4)　に　にて　いる　かたちが　それぞれ　いくつ　ありますか。

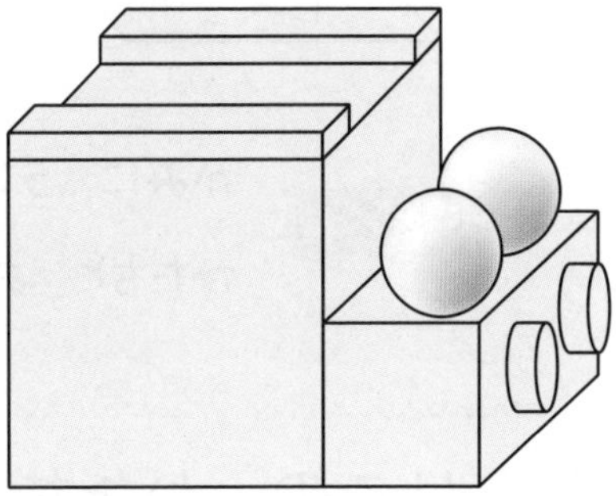

(1)

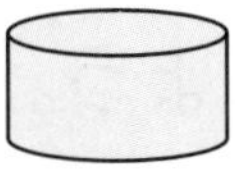

(2)

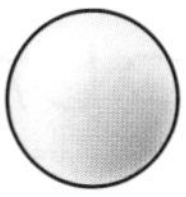

(3)

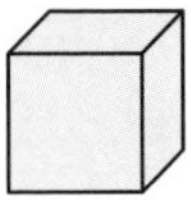

(4)

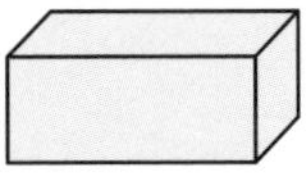

いろいろな　かたち (2)

➡こたえは72ページ

月　日

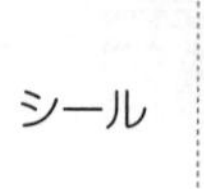

かみの　上に　つみ木を　おいて　えを　かきます。かみに　うつした　かたちを　えらびましょう。

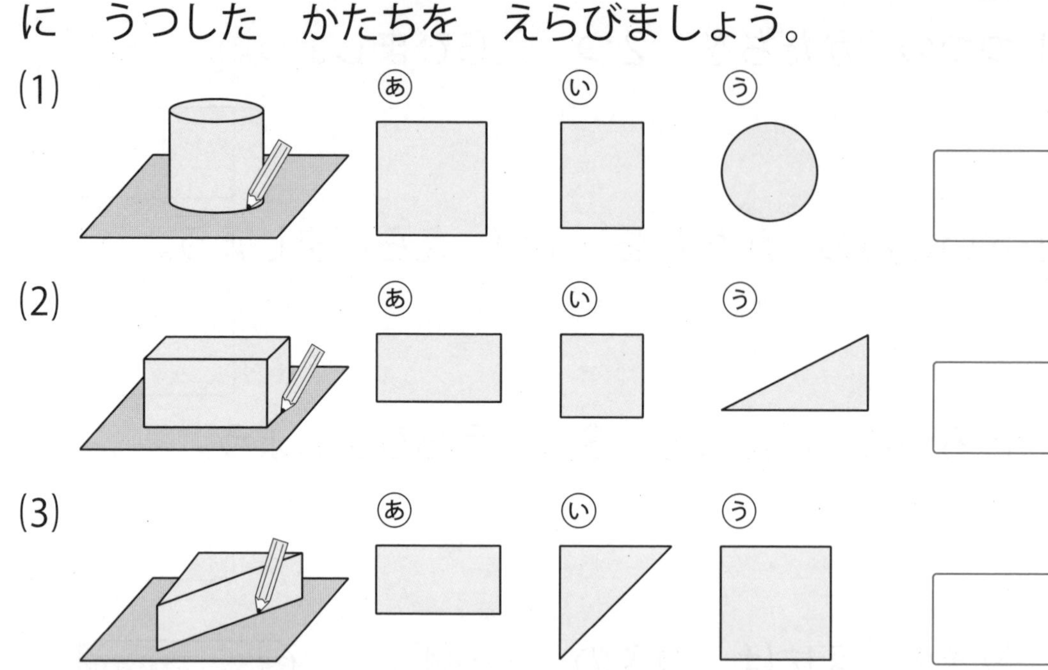

ポイント　かみに　うつした　かたちは，つみ木を　ま上から　見た　かたちと　おなじです。

1　はこの　かたちの　つみ木を　つぎのように　おいた　とき，かみに　うつした　かたちを　えらびましょう。

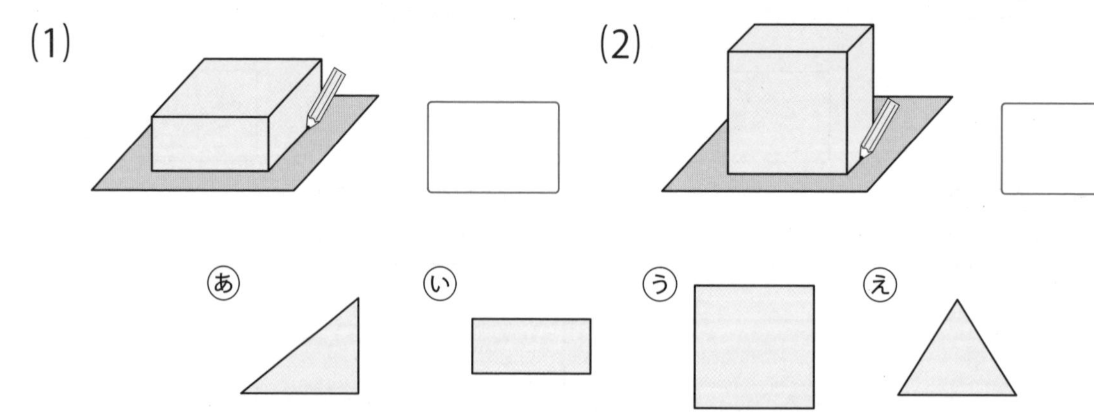

2 つみ木を　かみに　おいて　うつした　かたちを，下から えらんで　せんで　むすびましょう。

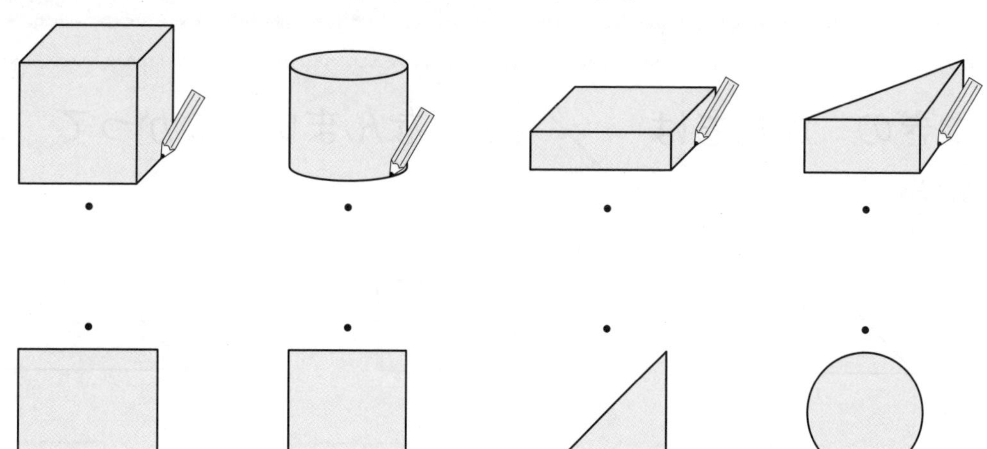

3 つぎの　つみ木を　つかって　うつしとれる　かたちを 2つずつ　えらびましょう。

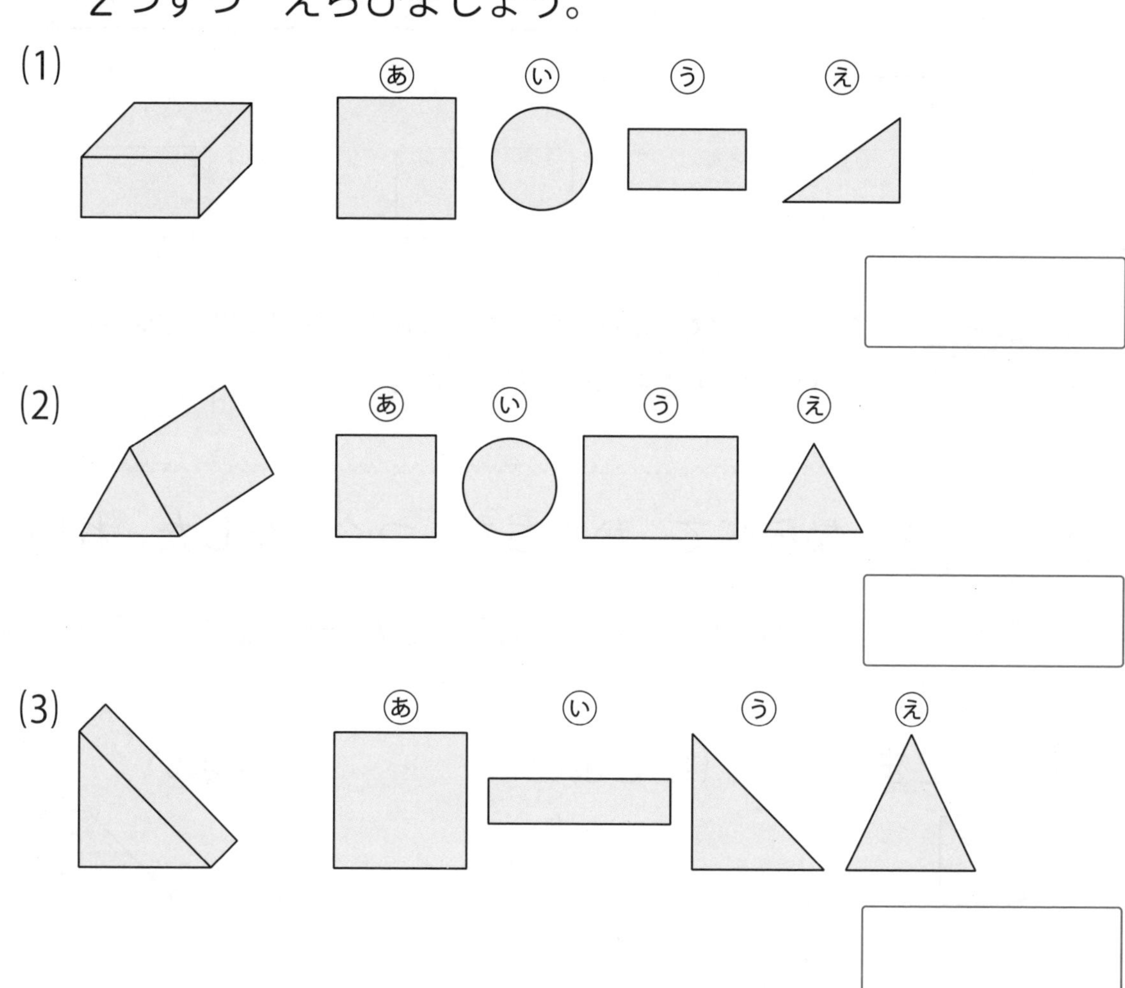

➡こたえは73ページ　月　日

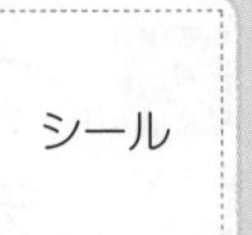

かたちづくり (1)

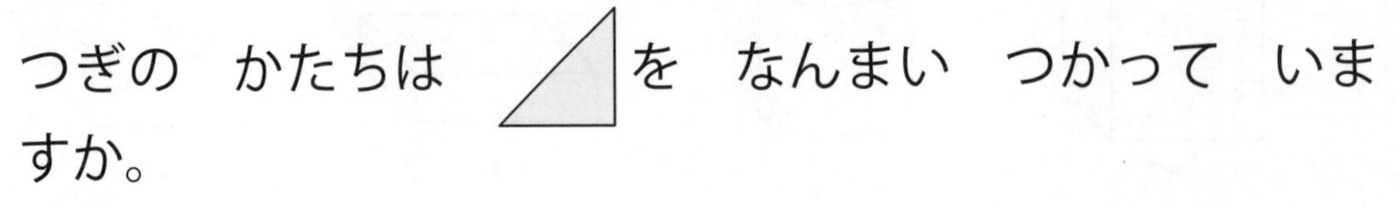

つぎの　かたちは　を　なんまい　つかって　いますか。

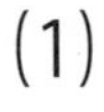

(1)

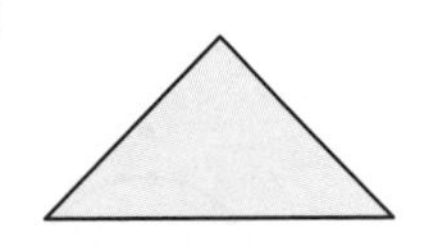

(2)

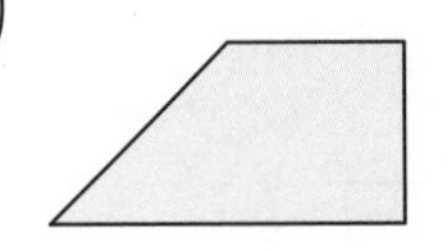

(3)

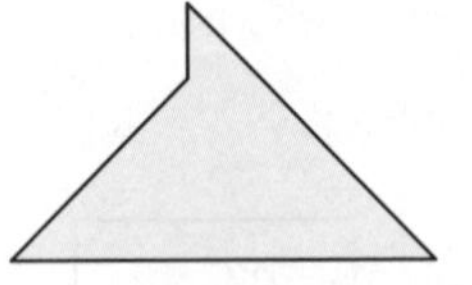

(4)

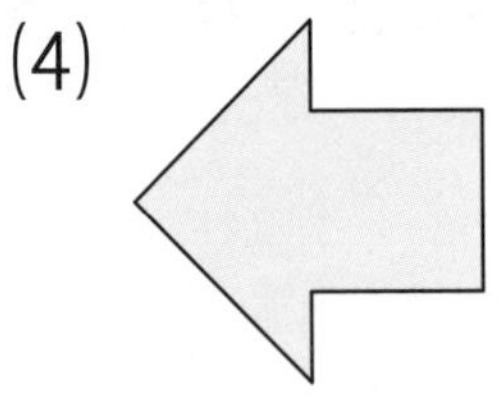

(5)

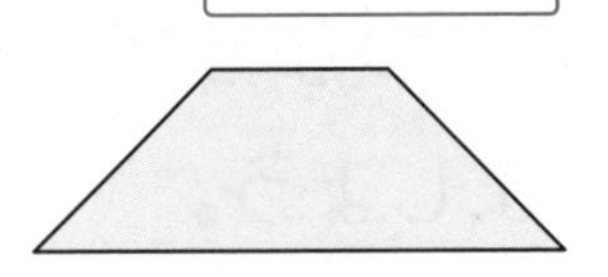

(6)

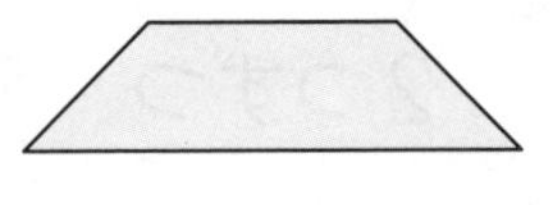

ポイント　いたの　大きさと　えの　まわりの　せんの　ながさに　ちゅうい　して，いたの　むきを　かんがえましょう。

1　を　ならべて　かたちを　つくりました。れいに　ならって　つないだ　ところに　せん――を　かき入れましょう。

(れい)　2まい

(1)　3まい

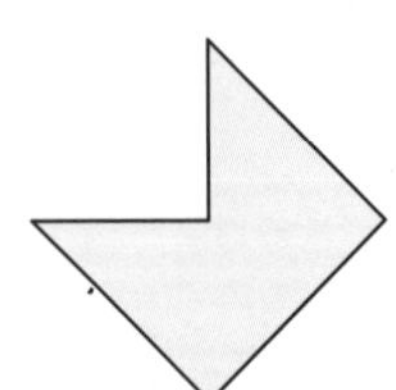

(2)　4まい

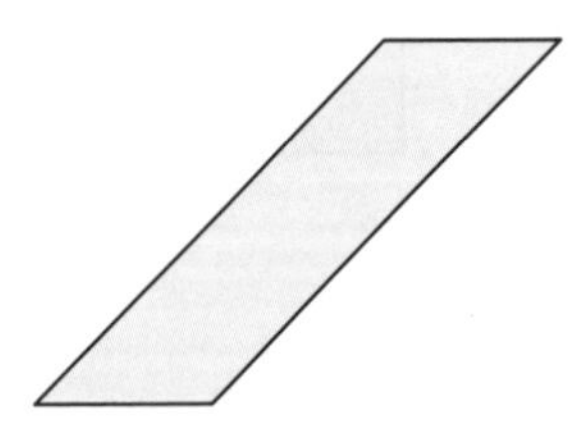

2 つぎの　かたちは　（三角形）を　なんまい　つかって　いますか。

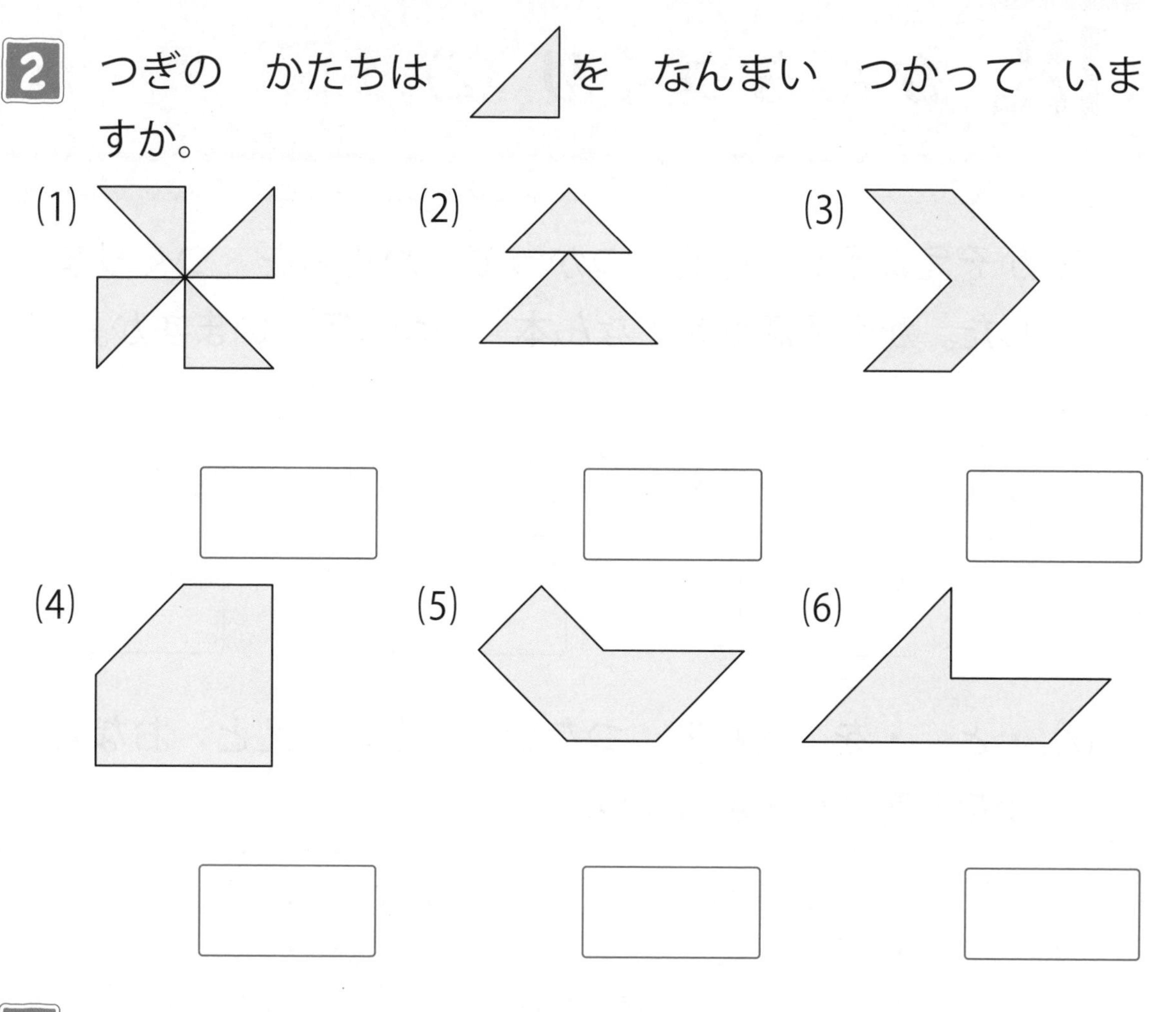

3 ｌまいだけ　いたを　うごかして，じゅんに　かたちを　かえました。どの　いたを　うごかしましたか。

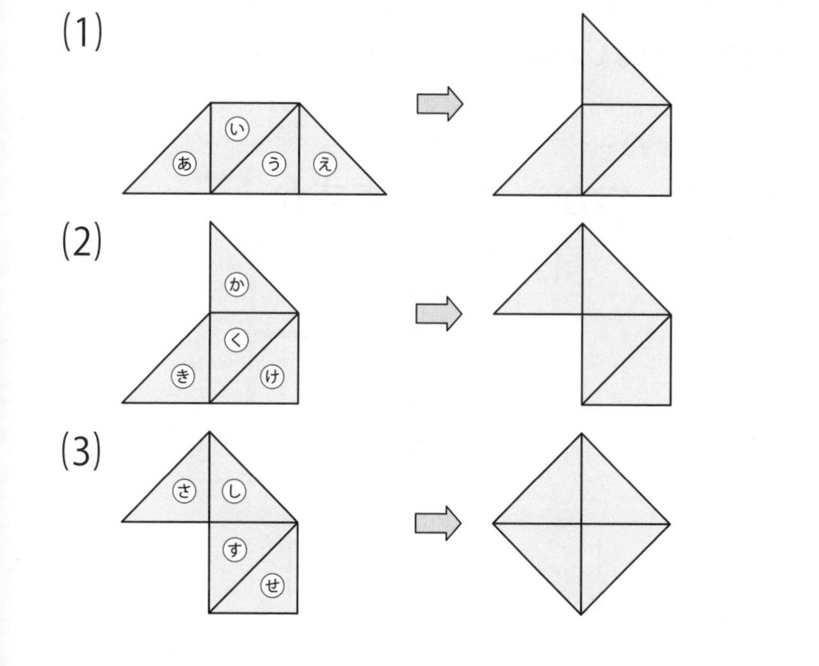

➡こたえは73ページ　月　日

18日 かたちづくり (2)

(1) かぞえぼう(――)を　つかって　かたちを　つくりました。かぞえぼうを　なん本　つかって　いますか。

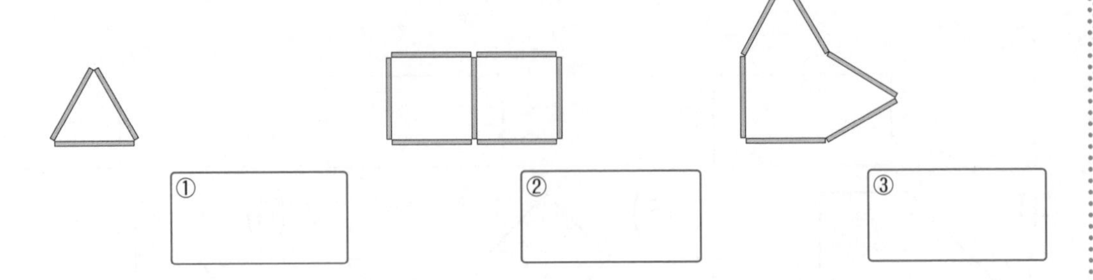

(2) ・と　・を　せんで　つないで，左の　えと　おなじ　かたちを　かきましょう。

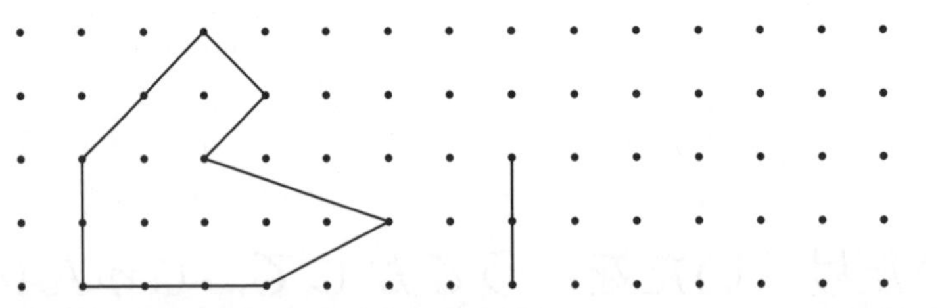

ポイント　・の　ならびかたに　目を　つけて，・を　つなぐ　せんの　ながさや　むきを　きめましょう。

1 かぞえぼうを　なん本　つかって　いますか。

(1)

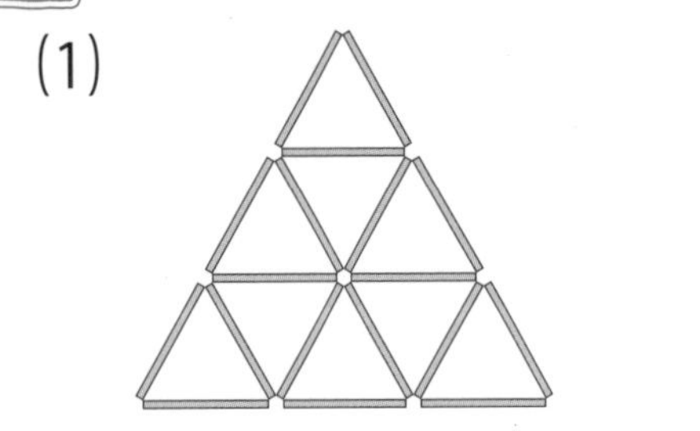

(2)

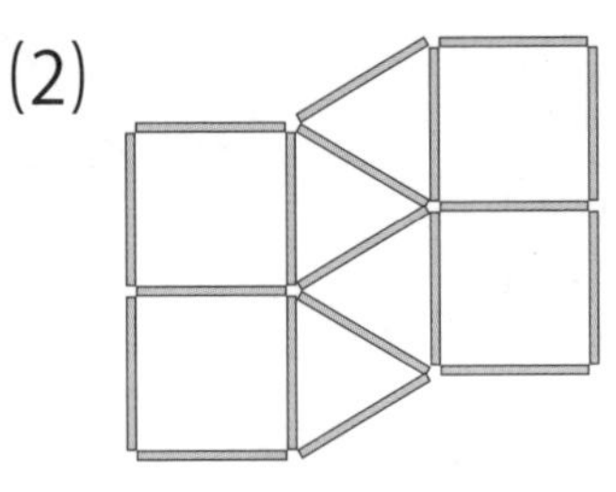

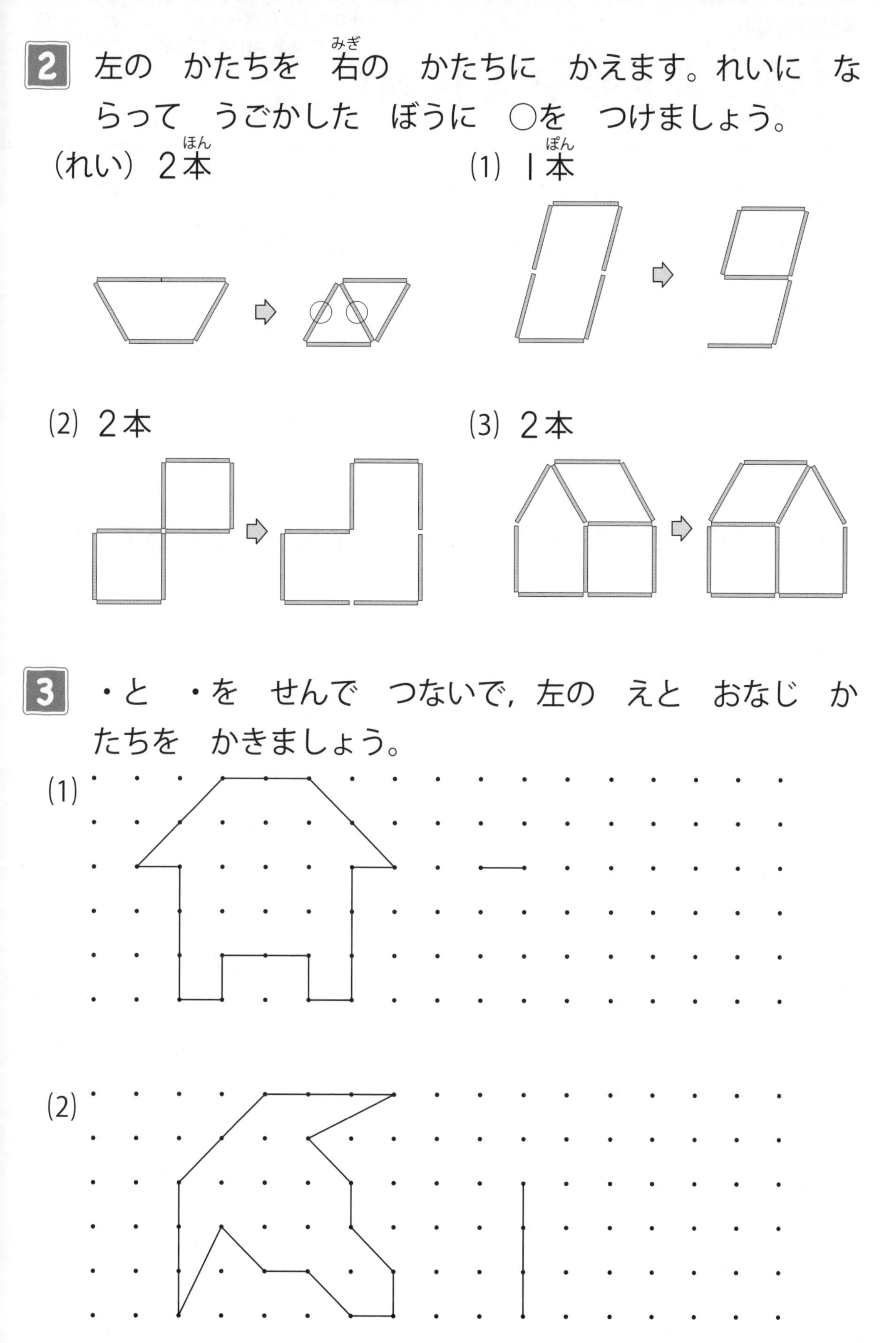

2 左の　かたちを　右の　かたちに　かえます。れいに　ならって　うごかした　ぼうに　○を　つけましょう。

（れい）２本

(1) １本

(2) ２本

(3) ２本

3 ・と　・を　せんで　つないで，左の　えと　おなじ　かたちを　かきましょう。

(1)

(2)

19日 まとめテスト (4)

➡こたえは74ページ

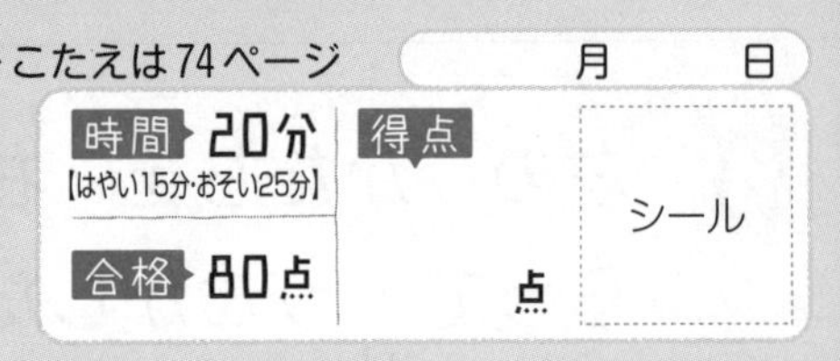

1 左の　えの　ぼうを　2本　うごかして，右の　かたちに　かえます。右の　えで，うごかした　ぼうに　○を　つけましょう。（1つ10てん—20てん）

(1)　　(2)

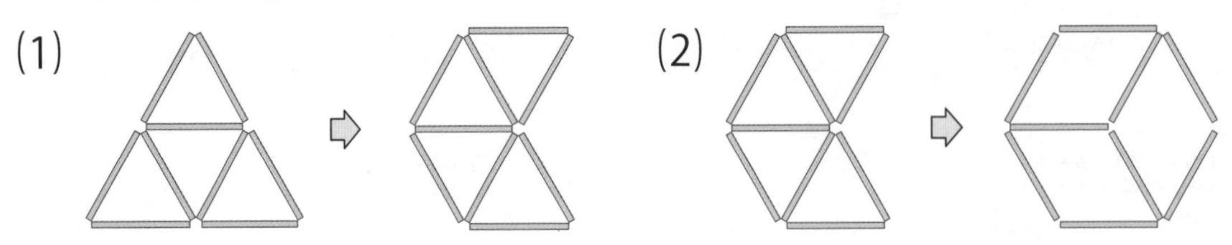

2 つぎの　かたちは　[三角形の図]を　なんまい　つかって　いますか。（1つ10てん—20てん）

(1)　　(2)

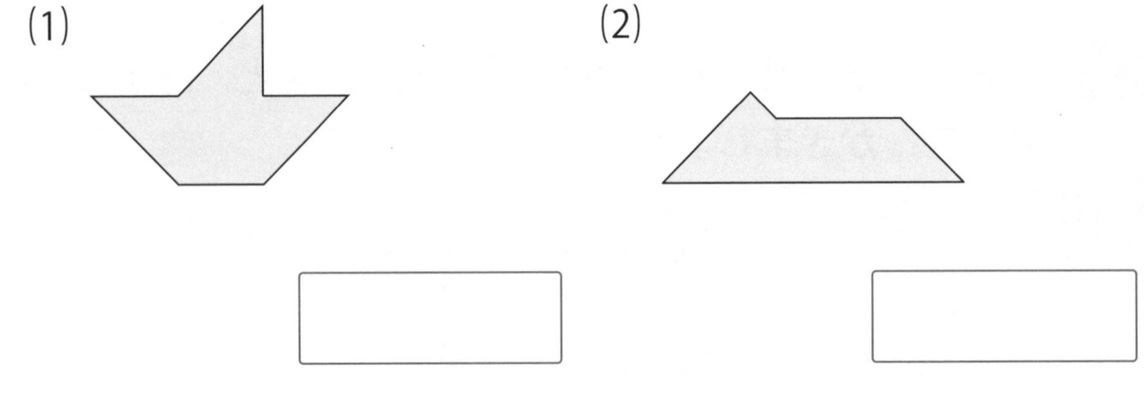

3 ・と　・を　せんで　つないで，左の　えと　おなじ　かたちを　かきましょう。（10てん）

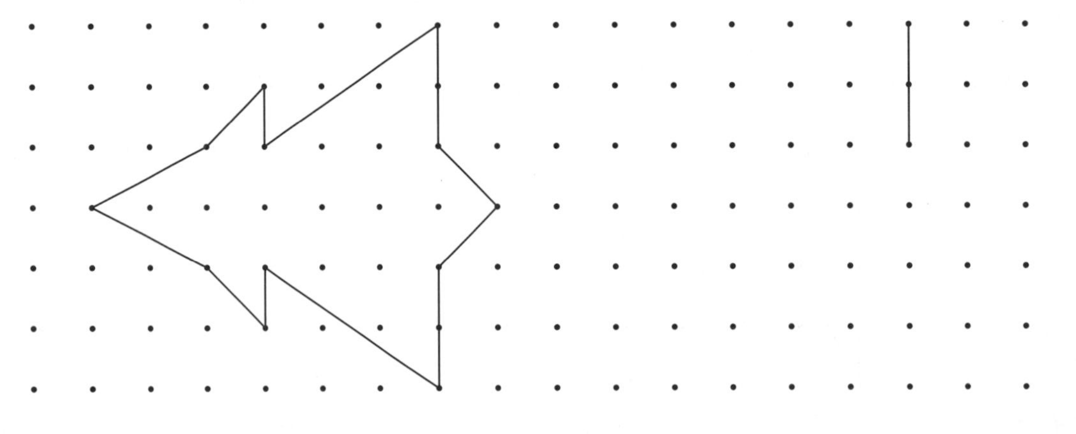

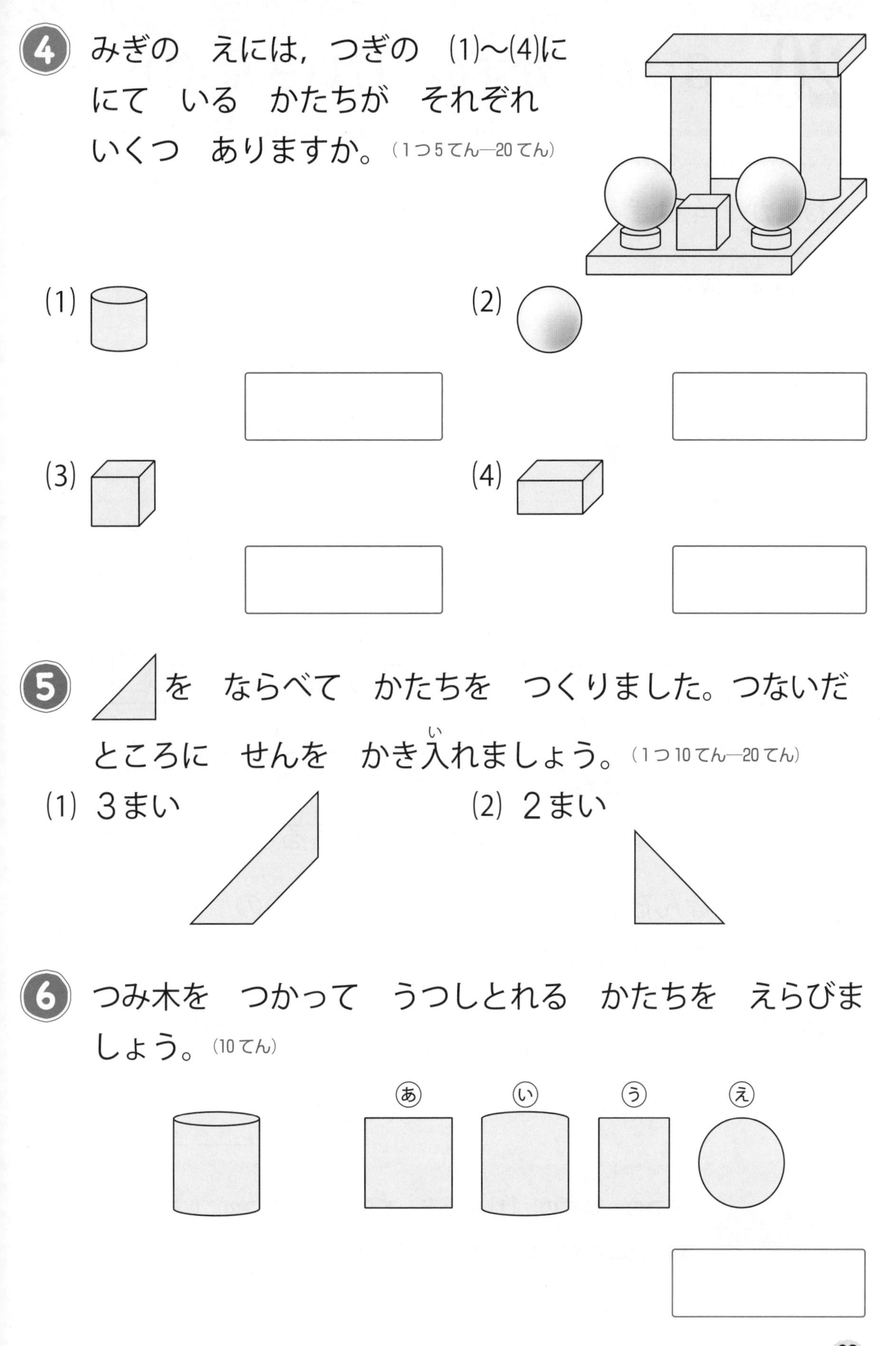

4 みぎの　えには，つぎの　(1)～(4)に　にて　いる　かたちが　それぞれ　いくつ　ありますか。（1つ5てん—20てん）

(1)

(2)

(3)

(4)

5 を　ならべて　かたちを　つくりました。つないだ　ところに　せんを　かき入（い）れましょう。（1つ10てん—20てん）

(1) 3まい

(2) 2まい

6 つみ木を　つかって　うつしとれる　かたちを　えらびましょう。（10てん）

あ　い　う　え

20日 3つの　かずの　けいさん（1）

➡こたえは74ページ

月　日

シール

ねこが　4ひき　あそんで　います。

□□□□

2ひき　きました。

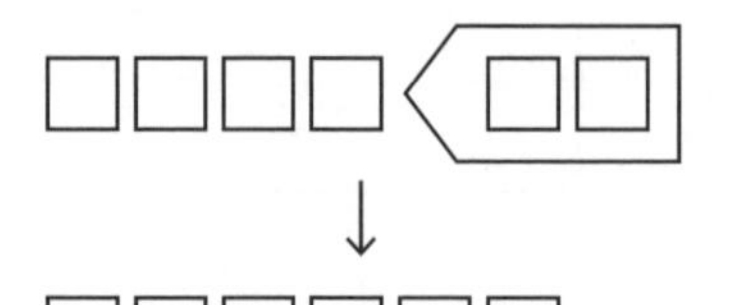

2ひき　ふえると　①　ぴき

また　3びき　きました。

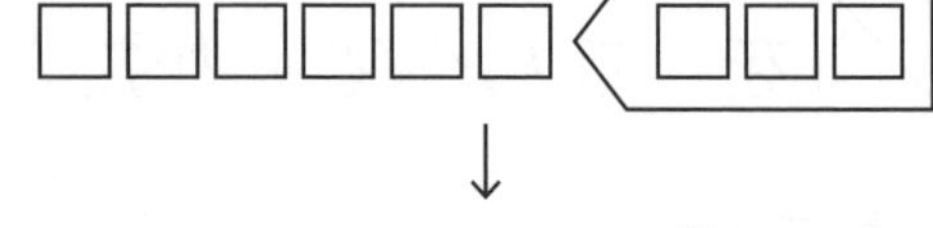

3びき　ふえると　②　ひき

ねこは　なんびきに　なりましたか。1つの　しきに　かいて　こたえましょう。

（しき）　③　＋　④　＋　⑤　＝　⑥

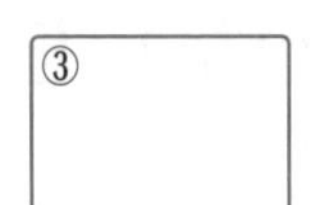

（こたえ）　⑦

ポイント　3つの　かずの　けいさんを　する　とき，1つの　しきに　まとめることが　できます。

1 おはじきを　5こ　もって　います。3こ　かって　きました。その　あと　あねから　2こ　もらいました。おはじきは　なんこに　なりましたか。

（しき）　5　①□　3　②□　2　＝　③□

（こたえ）　④□

2 はとが　6わ　います。4わ　とんで　きました。また　5わ　とんで　きました。はとは　なんわに　なりましたか。

（しき）

（こたえ）□

3 バスに　14人（にん）　のって　います。えきまえで　4人　おり，としょかんまえで　3人　おりました。バスに　のって　いる　人（ひと）は　なん人に　なりましたか。

（しき）

（こたえ）□

4 こうえんに　子（こ）どもが　15人　います。3人　かえりました。その　あと　7人　かえりました。こうえんに　いる　子どもは　なん人に　なりましたか。

（しき）

（こたえ）□

➡こたえは75ページ

月　日

シール

21日　3つの　かずの　けいさん（2）

ねこが　7ひき　あそんで　います。

3びき　かえりました。

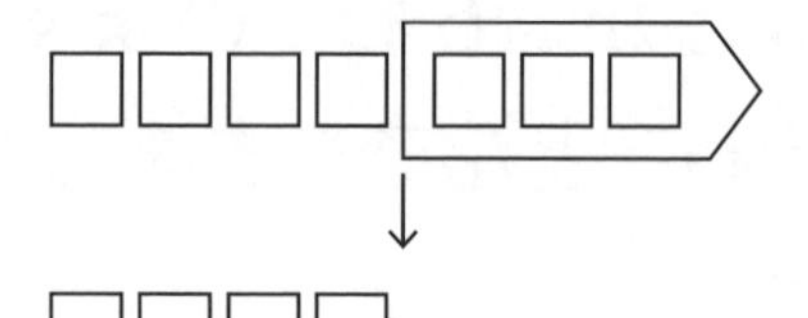

3びき　へると　①　ひき

5ひき　きました。

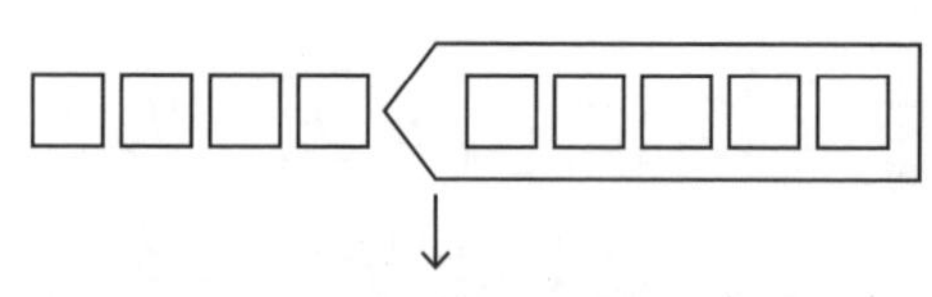

5ひき　ふえると　②　ひき

ねこは　なんびきに　なりましたか。1つの　しきに　かいて　こたえましょう。

（しき）7　③　3　④　5　＝　⑤

（こたえ）⑥

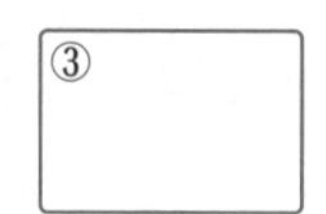

ポイント　たすか　ひくか　よく　かんがえて　しきを　かきましょう。

1 みなとに　ふねが　4せき　とまって　います。5せき　入って　きました。その　あと　2せき　出ました。みなとの　ふねは　なんせきに　なりましたか。

（しき）　4　①　5　②　2　＝　③

（こたえ）　④

2 木の　上に　さるが　5ひき　います。3びきが　木から　おりて，8ひきが　木に　のぼりました。木の　上に　さるは　なんびき　いますか。

（しき）

（こたえ）

3 おりがみを　4まい　もって　います。あねから　6まい　もらい，3まい　つかいました。おりがみは　なんまいに　なりましたか。

たしざんかな？
ひきざんかな？

（しき）

（こたえ）

4 車が　13だい　とまって　います。3だい　出て，2だい　きました。車は　なんだいに　なりましたか。

（しき）

（こたえ）

➡こたえは75ページ　月　日

22日 と け い (1)

とけいを　よみましょう。

(1)

(2)

(1) とけいの　ながい　はりと　みじかい　はりの　うち，「なんじ」を　あらわして　いるのは ① はりです。ながい　はりが　12を　さして，みじかい　はりが ② を　さして　います。

この　とけいは ③ じです。

(2) みじかい　はりが ④ と ⑤ の　まん中(なか)に　あって，ながい　はりが　6を　さして　います。

この　とけいは ⑥ じはんです。

ポイント
「なんじ」は　みじかい　はりで　よみます。
「なんじはん」の　とき，ながい　はりは　6を　さします。

1 とけいを　よみましょう。

(1)

(2)
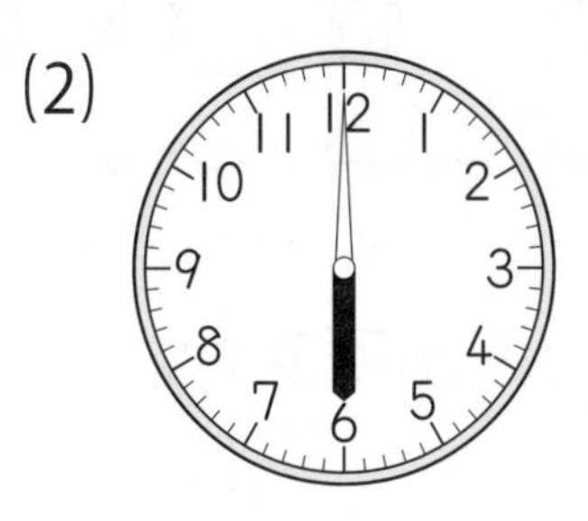

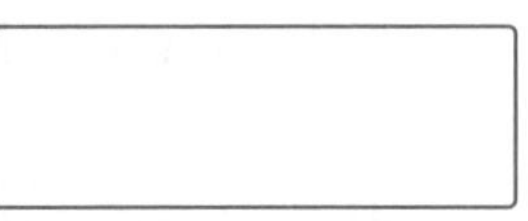

(3)
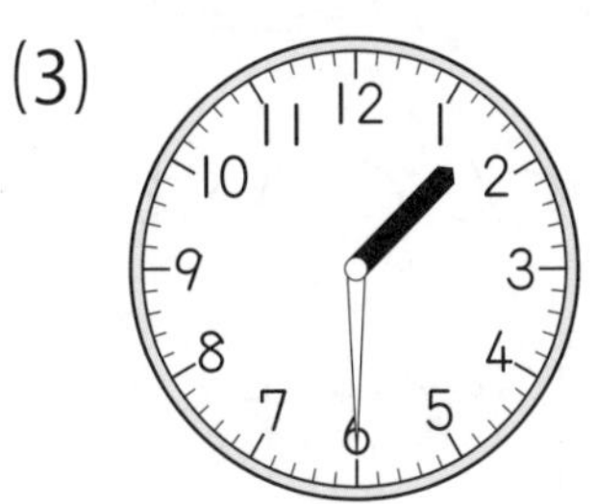

(4)

(5)
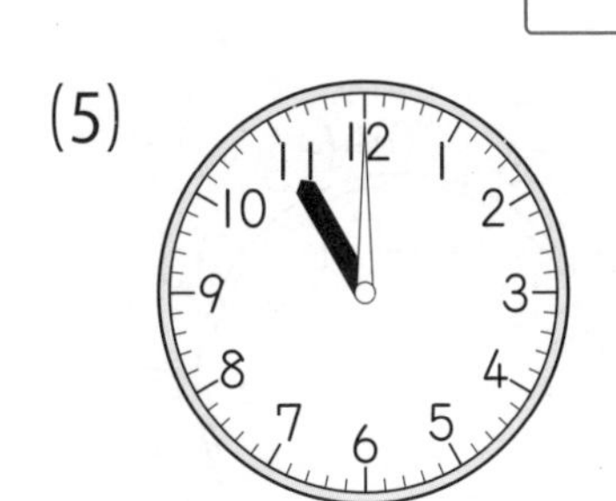

(6)
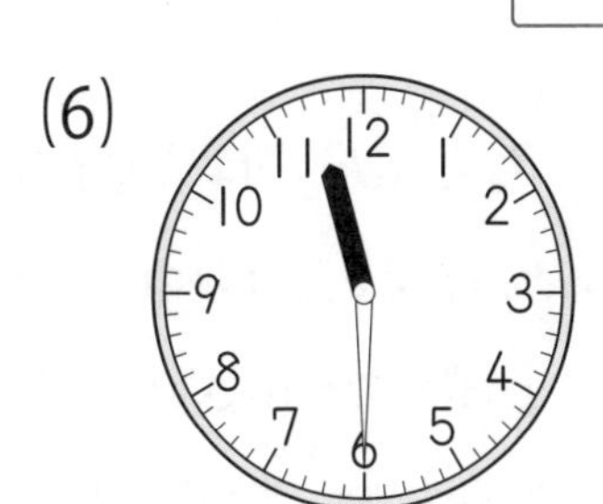

2 たりない　はりを　とけいに　かき入(い)れましょう。

(1) 2じ
（ながい　はり）

(2) 9じはん
（ながい　はり）

(3) 12じはん
（みじかい　はり）

➡こたえは76ページ　月　日

シール

23日 とけい (2)

なんじなんぷんですか。

みじかい　はりは ①［　］から　すこし　すすんで　います。ながい　はりは　2から　小(ちい)さい　目(め)もり ②［　］つぶん　すすんで　います。

ながい　はりは　2の　ところで ③［　］ぷんです。

この　とけいは ④［　］じ ⑤［　］ふんです。

ポイント

「なんぷん」は　ながい　はりで　よみます。とけいの　ながい　はりは　1ぷんで　小さい　目もり　1つぶん，5ふんで　すうじ　1つぶん　すすみます。

1 なんじなんぷんですか。

(1)

［　　　　］

(2)

［　　　　］

2 なんじなんぷんですか。

(1)

(2)

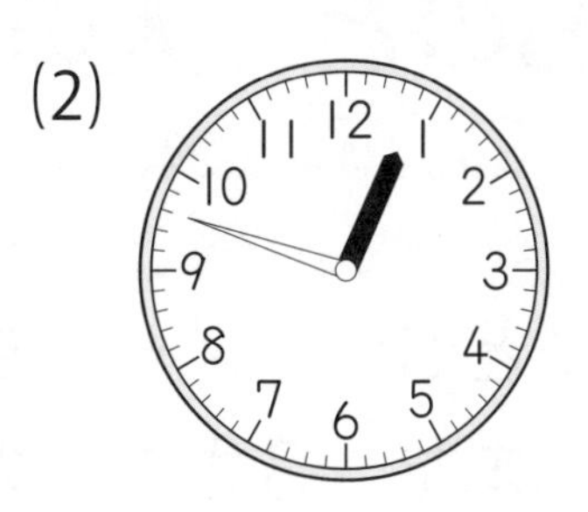

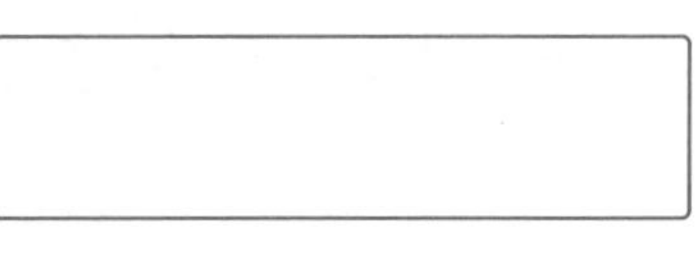

(3)

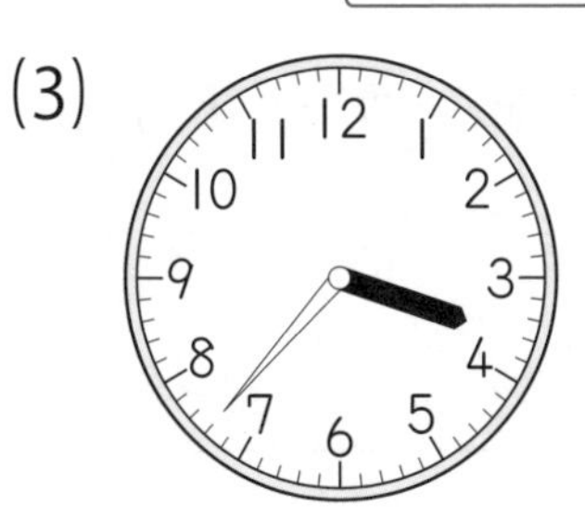

(4)

(5)

(6)

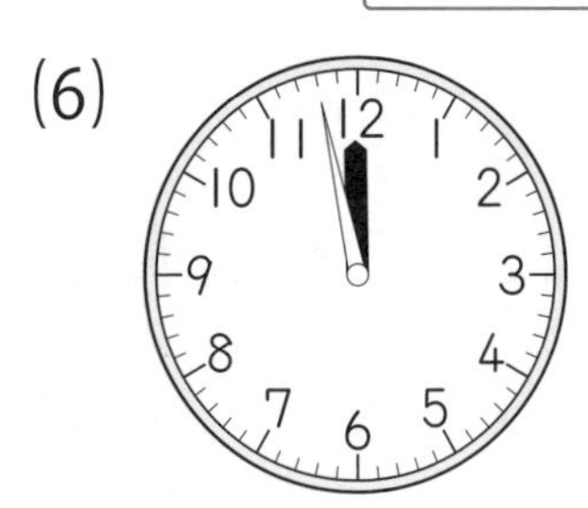

3 ながい　はりを　とけいに　かき入(い)れましょう。

(1) 2じ 30 ぷん　(2) 7じ 23 ぷん　(3) 12 じ 54 ぷん

➡こたえは76ページ

月　日

24日 ものと　人の　かず

6人(にん)の　子(こ)どもに　ノートを　1さつずつ　くばりました。ノートは　まだ　3さつ　のこって　います。はじめ　ノートは　なんさつ　ありましたか。

子どもを　○，ノートを　□と　して　ずを　かきます。

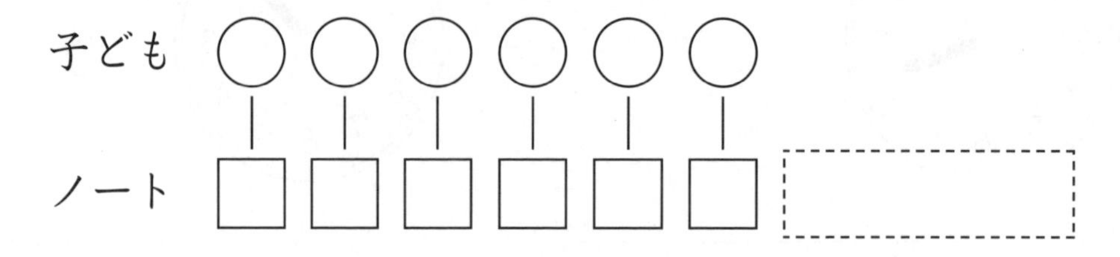

子ども　○と　くばった　ノート　□は　せん(—)で　むすびます。

⬚の　中(なか)に　□が　あと　①＿＿　こ　入(はい)ります。

くばった　ノートの　かずと　のこった　ノートの　かずを　たして　もとめます。

(しき)　②＿＿　＋　③＿＿　＝　④＿＿

(こたえ)　⑤＿＿

ポイント　子どもの　かずと　くばった　ノートの　かずは　おなじです。

1 クラスで　しゃしんを　とります。8つの　いすに　1人（ひとり）ずつ　すわり，うしろに　6人　立（た）ちました。なん人で　しゃしんを　とりましたか。

（しき）　8 ［①　］ 6 ＝ ［②　］

（こたえ）［③　］

2 おもちゃが　10こ　あります。8人の　子どもが　1人　1こずつ　おもちゃを　とりました。おもちゃは　なんこ　のこって　いますか。

（しき）

（こたえ）［　］

3 いすが　8つ　あります。子どもが　1人ずつ　いすに　すわると，いすが　3つ　あまりました。子どもは　なん人　いますか。

（しき）

（こたえ）［　］

4 木（き）に　りんごが　みのって　います。9わの　からすが　りんごを　1こずつ　とって　いきました。木には　りんごが　まだ　4こ　のこって　います。はじめ　木に　みのって　いた　りんごは　なんこでしたか。

（しき）

（こたえ）［　］

25日 まとめテスト (5)

➡こたえは77ページ

月　日

時間 20分 【はやい15分・おそい25分】　得点　点　シール

合格 80点

❶ クッキーが　11まい　あります。5まい　もらいました。あとで　2まい　たべました。クッキーは　なんまいに　なりましたか。(10てん)

(しき)

(こたえ)

❷ 子どもが　一りん車に　のります。一りん車は　12だい　ありますが，4人の　子どもが　のれません。子どもは　なん人　いますか。(10てん)

(しき)

(こたえ)

❸ おりがみを　3まい　もって　います。あねから　7まい　もらいました。まだ　たりないので　5まい　かって　きました。おりがみは　なんまいに　なりましたか。(10てん)

(しき)

(こたえ)

❹ みじかい　はりを　とけいに　かき入れましょう。

(1つ10てん—20てん)

(1) 9じ

(2) 6じはん

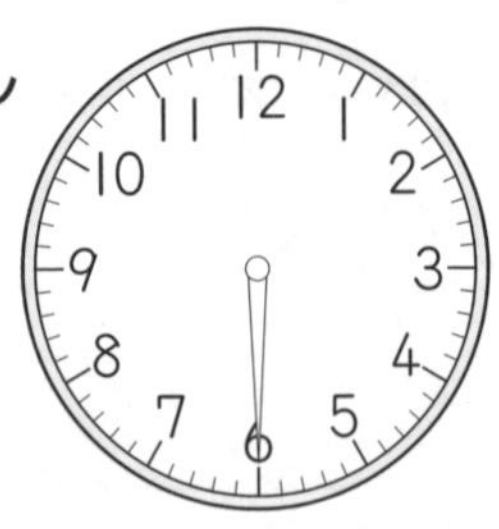

5 なんじなんぷんですか。（1つ10てん—20てん）

(1)

(2)

6 おりがみが　15まい　あります。おりがみを　子どもに　1人（ひとり）　1まいずつ　くばると，3まい　のこりました。子どもは　なん人　いますか。（10てん）

（しき）

（こたえ）

7 こやに　にわとりが　7わ　います。4わ　こやから　出（で）て，7わ　入（はい）りました。こやに　いる　にわとりは　なんわに　なりましたか。（10てん）

（しき）

（こたえ）

8 ジュースが　8本（ほん）　あります。6人の　子どもに　ジュースを　1本（ぽん）ずつ　くばりました。ジュースは　なん本（ぼん）　ありますか。（10てん）

（しき）

（こたえ）

➡こたえは77ページ

月　日

シール

26日 じゅんばん（1）

子(こ)どもが　１れつに　ならんで　います。

⑴ まえから　４ばん目(め)の　人(ひと)の　名(な)まえを　かきましょう。

⑵ あきとさんは　まえから　なんばん目に　いますか。

⑶ あきとさんの　まえに　なん人(にん)　いますか。

まえに いる 人

○○○○○●○○○○

１ ２ ３ ４ ５ ６

あきとさんは　まえから　６ばん目に　います。６人から　あきとさん　１人(ひとり)を　ひいて　もとめます。

（しき）　① □ － １ ＝ ② □

（こたえ）　③ □

ポイント　目じるしの　人の　１人ぶんを　ひいたり，たしたり　する　しきに　ちゅういしましょう。

1 子どもが　１れつに　ならんで　います。ゆかりさんは　まえから　８ばん目に　います。ゆかりさんの　まえに　なん人　いますか。

（しき）　① □　－　② □　＝　③ □

（こたえ）④ □

2 ８人の　子どもが　１れつに　ならんで　います。とおるさんは　まえから　３ばん目に　います。とおるさんの　うしろに　なん人　いますか。

（しき）

（こたえ）□

3 ９人の　子どもが　１れつに　ならんで　います。さなえさんの　うしろに　３人　います。さなえさんは　まえから　なんばん目に　いますか。

（しき）

（こたえ）□

4 子どもが　１れつに　なって　あるいて　います。よしおさんは　まえから　４ばん目を　あるいて　います。よしおさんの　うしろには　６人　います。あるいて　いる　子どもは　なん人ですか。

（しき）

（こたえ）□

➡こたえは78ページ

月　日

シール

27日 じゅんばん(2)

10人の　子どもが　1れつに　ならんで　います。そうたさんの　まえに　3人　います。そうたさんの　うしろに　なん人　いますか。

10人から，そうたさんの　まえに　いる　3人と，そうたさん　1人を　ひきます。

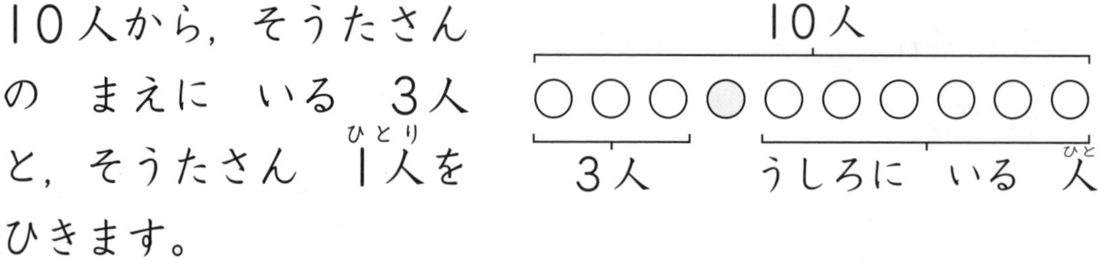

（しき）　10　－　3　－　①　＝　②

（こたえ）　③

ポイント　○を　つかって　えを　かいて　しきを　かんがえましょう。

1 きっぷを　かう　人が　10人　1れつに　ならんで　います。のぞみさんの　うしろに　4人　います。のぞみさんの　まえに　なん人　いますか。

（しき）

○を　10こ　かいて　かんがえよう。

（こたえ）

2 8人の　子どもが　1れつに　ならんで　います。なおこさんの　まえに　5人　います。なおこさんの　うしろに　なん人　いますか。

（しき）

（こたえ）

3 9人で　1れつに　なって　こうしんを　して　います。ふみやさんの　うしろに　5人　います。ふみやさんの　まえに　なん人　いますか。

（しき）

（こたえ）

4 子どもが　1れつに　ならんで　います。しょうたさんの　まえに　4人　います。しょうたさんの　うしろに　3人　います。子どもは　みんなで　なん人ですか。

（しき）

（こたえ）

5 15人の　子どもが　1れつに　ならんで　います。るみさんは　まえから　5ばん目（め）です。ほのかさんは　るみさんの　つぎの　人から　かぞえて　4ばん目に　います。ほのかさんの　うしろに　なん人　いますか。

（しき）

（こたえ）

➡こたえは78ページ

月　日

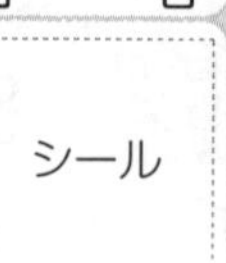

おおいほう　すくないほう

⑴ みかんが　8こ　あります。なしは　みかんより　4こ　おおいそうです。なしは　なんこ　ありますか。

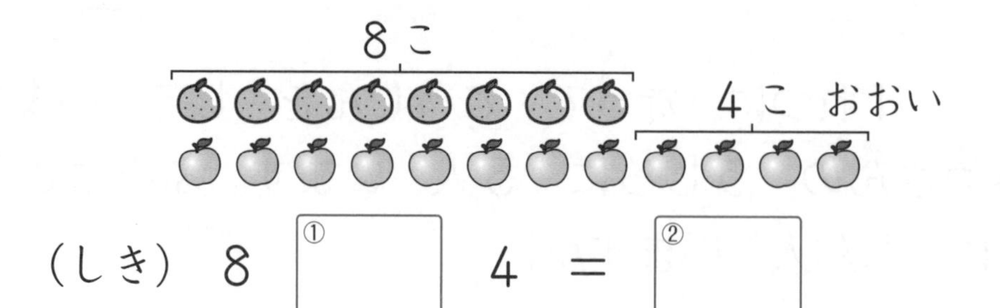

（しき）　8　①　4　＝　②

（こたえ）　③

⑵ まとあてを　して，けんさんは　10かい　あてました。りくさんは　けんさんより　3かい　すくなかった　そうです。りくさんは　なんかい　あてましたか。

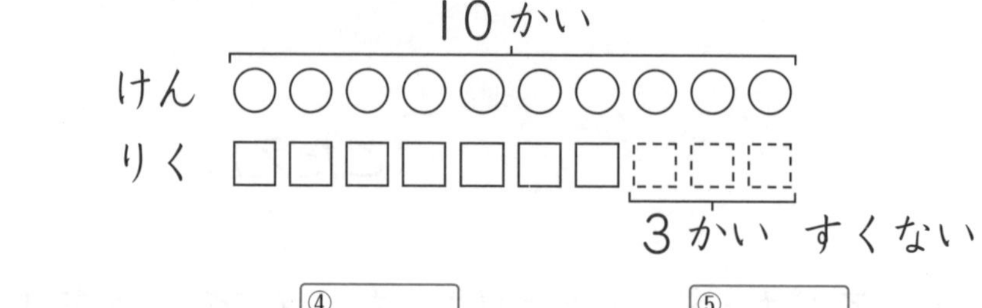

（しき）　10　④　3　＝　⑤

（こたえ）　⑥

ポイント　おおい　かずだけ　たしざんを，すくない　かずだけ　ひきざんを　して　もとめます。

郵便はがき

お手数ですが
切手をおはり
ください。

5 5 0 - 0 0 1 3

大阪市西区新町3-3-6

受験研究社

愛読者係 行

● ご住所 □□□-□□□□

TEL(　　　　　　　　)

● お名前　　※任意 (男・女)

● 在学校 □保育園・幼稚園 □中学校 □専門学校・大学 □小学校 □高等学校 □その他(　　　)　学年(歳)

● お買い上げ書店名(所在地)　書店(　　市区町村)

● すてきな賞品をプレゼント!

お送りいただきました愛読者カードは、毎年12月末にしめきり,抽選のうえ100名様にすてきな賞品をお贈りいたします。

LINEでダブルチャンス!

公式LINEを友達追加頂きアンケートにご回答頂くと,上記プレゼントに加え,夏と冬の特別抽選会で記念品をプレゼントいたします!

当選者の発表は賞品の発送をもってかえさせていただきます。 https://lin.ee/cWvAhtW

本書をお買い上げいただきましてありがとうございます。あなたのご意見・ご希望を参考に，今後もより良い本を出版していきたいと思います。ご協力をお願いします。

1. この本の書名（本のなまえ）　　お買い上げ

年　　月

2. どうしてこの本をお買いになりましたか。

□書店で見て　□先生のすすめ　□友人・先輩のすすめ　□家族のすすめで
□塾のすすめ　□WEB・SNSを見て　□その他(　　　　　　　)

3. 当社の本ははじめてですか。

□はじめて　□2冊目　□3冊目以上

4. この本の良い点，改めてほしい点など，ご意見・ご希望をお書きください。

5. 今後どのような参考書・問題集の発行をご希望されますか。あなたのアイデアをお書きください。

6. 塾や予備校，通信教育を利用されていますか。

塾・予備校名［　　　　　　　　　　　　］
通信教育名　［　　　　　　　　　　　　］

企画の参考，新刊等のご案内に利用させていただきます。　202

1 みかこさんは　いちごを　7こ　たべ，あねは　みかこさんより　2こ　おおく　たべました。あねは　いちごを　なんこ　たべましたか。

（しき）　7　[①　]　2　＝　[②　]

（こたえ）　[③　]

2 すずめが　14わ　います。はとは　すずめより　4わ　すくないそうです。はとは　なんわ　いますか。

（しき）

（こたえ）　[　]

3 子(こ)どもが　あそんで　います。男(おとこ)の子は　10人(にん)　います。女(おんな)の子は　男の子より　2人(ふたり)　おおいそうです。女の子は　なん人　いますか。

（しき）

（こたえ）　[　]

4 ゆかさんは　えんぴつを　11本(ぽん)　かいました。まきおさんは　ゆかさんより　2本(ほん)　すくなく　かいました。まきおさんは　えんぴつを　なん本(ぼん)　かいましたか。

（しき）

（こたえ）　[　]

➡こたえは79ページ

月　日

29日 おなじ　かずずつ

⑴ 子(こ)どもが　3人(にん)　います。いちごを　1人(ひとり)　2こずつ　あげます。いちごは　なんこ　いりますか。

（しき）2 ＋ ① ＋ ② ＝ ③

（こたえ）④

ポイント　1人ぶんの　かずを，人(ひと)の　かずだけ　たします。

⑵ 10この　おはじきを　1人に　2こずつ　わけます。なん人に　わけられますか。

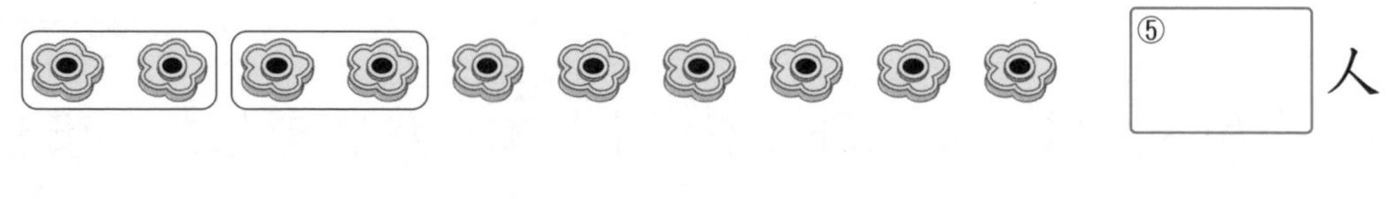

⑤ 人

わけかたを　しきで　かきましょう。

2 ＋ 2 ＋ ⑥ ＋ ⑦ ＋ ⑧ ＝ 10

ポイント　1人ぶんずつ　ぜんぶの　かずに　なるまで　わけて　いきます。

1 3人の　子どもに　えんぴつを　4本(ほん)ずつ　あげます。えんぴつは　なん本(ぼん)　いりますか。

（しき）　① □ ＋ ② □ ＋ ③ □ ＝ ④ □

（こたえ）　⑤ □

2 6この　りんごを　さらに　おなじ　かずずつ　わけます。1さら　なんこに　なりますか。

(1) 2まいの　さらに　わける

□

(2) 3まいの　さらに　わける

□

3 18まいの　クッキーを　1人に　3まいずつ　あげます。なん人に　あげられますか。

□

まとめテスト (6)

➡こたえは79ページ

月　日

時間 20分【はやい15分・おそい25分】	得点	シール
合格 80点	点	

1 スーパーで　お金(かね)を　はらう　じゅんばんを　まって　います。ゆかさんの　まえに　6人(にん)　います。ゆかさんは　まえから　なんばん目(め)に　いますか。(15てん)

(しき)

(こたえ)

2 ちゅうりんじょうに　じてん車(しゃ)が　18だい　とまって　います。バイクは　じてん車より　7だい　すくないそうです。バイクは　なんだい　とまって　いますか。(15てん)

(しき)

(こたえ)

3 8この　みかんを　2つの　かごに　おなじ　かずずつ　わけます。1つの　かごの　みかんは　なんこに　なりますか。(10てん)

4 かけっこを　して　います。さとるさんの　まえに　2人(ふたり)　います。さとるさんの　うしろには　3人　います。かけっこを　して　いるのは　なん人ですか。(15てん)

(しき)

(こたえ)

5 12人の 子(こ)どもが 1れつに ならんで います。ゆうかさんは まえから 5ばん目に います。ゆうかさんの うしろに なん人 いますか。(15てん)

(しき)

(こたえ) [ ]

6 くろねこが 7ひき います。白(しろ)ねこは くろねこより 3びき すくないそうです。白ねこは なんびき いますか。(10てん)

(しき)

(こたえ) [ ]

7 3人の 子どもに ノートを 5さつずつ あげます。ノートは なんさつ いりますか。(10てん)

(しき)

(こたえ) [ ]

8 ももが 8こ あります。かきは ももより 2こ おおいそうです。かきは なんこ ありますか。(10てん)

(しき)

(こたえ) [ ]

➡こたえは 80 ページ　月　日

しんきゅうテスト

時間 30分【はやい25分・おそい35分】　得点　点　シール
合格 80点

1 なすが　60こと　トマトが　70こ　とれました。どちらが　なんこ　おおく　とれましたか。（10てん）

（しき）

（こたえ）

2 まとあてを　しました。けんじさんは　5かい　あてました。ゆうたさんは　けんじさんより　4かい　おおく　あてました。ゆうたさんは　なんかい　あてましたか。（10てん）

（しき）

（こたえ）

3 つぎの　つみ木（き）を　つかって　うつしとれる　かたちを，（　）の　かずだけ　下（した）から　えらびましょう。

（1つ5てん―15てん）

(1)（2つ）　(2)（1つ）　(3)（2つ）

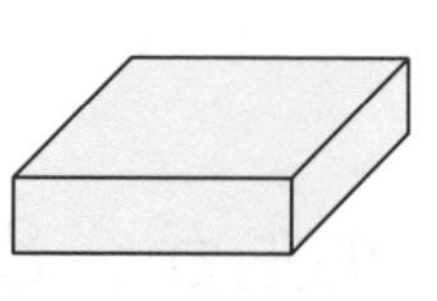

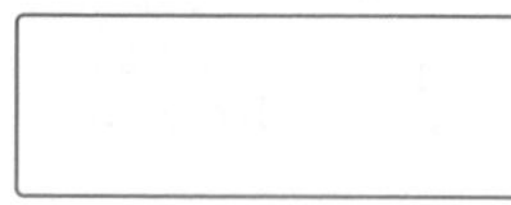
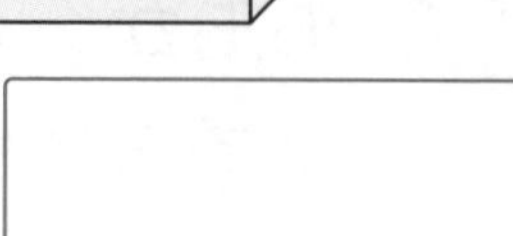

㋐　㋑　㋒　㋓　㋔

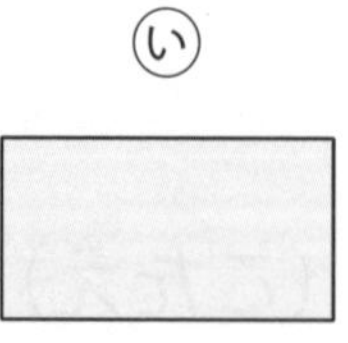

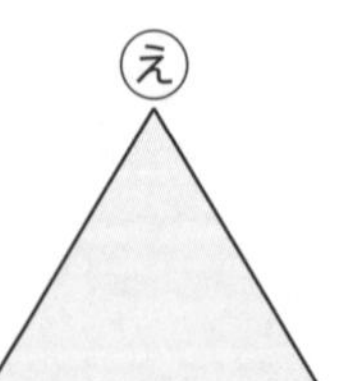
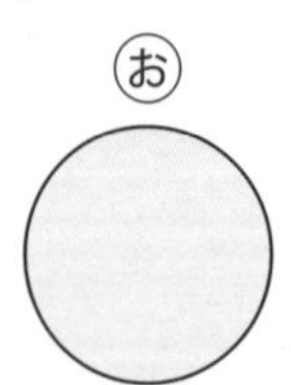

4 もんだいに　こたえましょう。（1つ10てん—20てん）

(1) なんじなんぷんですか。

(2) いま　6じ48ふんです。ながい　はりを　かき入(い)れましょう。

5 13−5の　しきを　つかって　こたえを　もとめる　もんだいを　2つ　えらびましょう。（10てん）

㋐ いけに　かめが　13びき，かえるが　5ひき　います。あわせて　なんびきですか。

㋑ 犬(いぬ)が　5ひき，ねこが　13びき　あそんで　います。犬と　ねこの　かずの　ちがいは　なんびきですか。

㋒ 13人(にん)　ならんで　います。さとしさんの　まえに　5人　います。さとしさんの　うしろには　なん人　いますか。

㋓ りんごが　13こ　あります。なしは　りんごより　5こ　すくないそうです。なしは　なんこ　ありますか。

6 バスに　10人　のって　いました。ていりゅうじょで　3人　おりて　9人　のりました。のって　いる　人は　なん人に　なりましたか。（10てん）

（しき）

（こたえ）

7 本だなに　本が　15さつ　ならんで　います。ずかんは　左から　6ばん目に　あります。ずかんより　左に　ある　本は　なんさつですか。（10てん）

（しき）

（こたえ）

8 左の　かたちを　右の　かたちに　かえます。うごかす　ぼうを　できるだけ　すくなく　すると，なん本の　ぼうを　うごかせば　よいですか。（1つ5てん―15てん）

(1)

(2)

(3)

●1日 2～3ページ

①5 ②3 ③2 ④4 ⑤2 ⑥6 ⑦6ぽん

1 ①4 ②4 ③8 ④8だい

2 （しき）3+5=8 （こたえ）8ひき

3 （しき）6+3=9 （こたえ）9こ

4 （しき）4+3=7 （こたえ）7にん

指導の手引き

1 「○と△をあわせると□」という意味の文が，「○+△=□」という式に書けることを身につけます。式の意味を定着させるにはブロックなどの具体物を用いて，計算を操作として見せると効果的です。

4 + 4 = 8

□□□□ と □□□□ （左右から寄せて）

□□□□□□□□

寄せる操作が演算「+」にあたり，その結果が式の右辺の8になります。あわせた台数を求めるのが目的なので，車の形や色が異なっていても「1台」と数えます。

2 左右の区別を取り払い，白ねこ3匹，黒ねこ5匹と見ても同じ式がつくれます。見方を変えても結果は変わらないことを示し，いろいろな見方ができることに興味をもつようにするとよいでしょう。

3 図がなくても，問題文から場面がイメージできるかを見ます。「あわせると」の言葉からたし算の式に表すことになりますが，難しいようでしたら，実際におはじきを使ってあわせる操作を見せましょう。

4 問題文の中で，たし算の式に必要な数は「4にん」と「3にん」だけで，「1くみ」「2くみ」の数字は使わないことを理解させます。

チェックポイント 文章題を解くときは，問題を解くために必要なものを，文章や図から選び出すように意識させます。

●2日 4～5ページ

①3 ②5 ③2 ④7 ⑤3 ⑥4 ⑦4にん

1 ①6 ②2 ③4 ④4こ

2 （しき）7−1=6 （こたえ）6だい

3 （しき）7−5=2 （こたえ）2ほん

4 （しき）9−7=2 （こたえ）2こ

指導の手引き

1 「○から△をとった残りが□」という意味の文が，「○−△=□」という式に書けることを身につけます。たし算（2～3ページ）との対比を意識して，ブロックなどの具体物を用いて計算を操作として見せながら説明します。

6 − 2 = 4

□□□□□□ （2個を右方へ動かす）

□□□□ □□

右方へ動かす操作が演算「−」にあたり，左に残った4個が答えを示しています。

図をかいて説明するときには，上のように□を6個かいて，2個食べることを□の上に斜線をひいて示すとよいでしょう。

2 お子様自身が説明するのに適した題材です。おはじきなどを横に7個並べ，問題文を読み進めるのに合わせておはじきを動かすなどの操作をさせて，ひき算の意味を表現させます。保護者の方がしっかり耳を傾けることで，学習の意欲が高まります。

3 7本から5本あげることがひき算の意味に合うことを説明します。

チェックポイント さまざまな動作がひき算で表現できることを理解させましょう。

4 合計の9個からりんご7個を取り分けた残りがなしの数になります。

●3日 6～7ページ

①7　②4　③3　④3　⑤5　⑥8　⑦8ほん

1 ①6　②2　③8　④8こ

2 （しき）5+2=7　（こたえ）7わ

3 （しき）5+4=9　（こたえ）9にん

4 （しき）3+7=10　（こたえ）10まい

指導の手引き

1 「2こ　もらう」ので，はじめの6個から2個増えて8個になります。
「○から△増えると□になる」という意味の文が，「○+△=□」という式に書けることを学びます。○がはじめの数，△が増えた数を表しています。問題文に「ふえる」ということばがそのまま使われている例は多くはありません。「もらう」「くる」「かう」「はいる」などのことばが「ふえる」ことを表現している，とお子様自身がつかむことが最初の目標になります。

2 「2わ　やって　きました」という文から，はじめの5羽から2羽増えて7羽になります。「増える」ことは「はじめの数」が基準となって成り立つので，問題文から「はじめの数」を見つけることも大切です。ここでは「あひるが　5わ　います」という文ではじめの数が示されています。各問で「はじめの数はどれ？」「増えた数はどれ？」と尋ねるとよいでしょう。

チェックポイント 「はじめの数」「増えた数」の2つを文章から読みとります。

3 はじめの数は「こうえんで　5にん　あそんでいます」，増えた数は「4にん　きました」と書かれています。

4 答えが10になるたし算です。他に答えが10になるたし算の式を書いてみましょう。

●4日 8～9ページ

①3　②7　③4　④5　⑤3　⑥2　⑦2だい

1 ①6　②4　③2　④2こ

2 （しき）9−6=3
（こたえ）えんぴつが　3ぼん　おおい。

3 （しき）10−8=2
（こたえ）はとが　2わ　おおい。

4 （しき）7−6=1　（こたえ）1ぴき

指導の手引き

1 2つの数の「ちがい」を考えます。

りんご　6　○○○○○○
みかん　4　●●●●

片方にしかないところ(はみ出ているところ)が「ちがい」を表しています。ひき算で求められることを図から理解して，多いほうの数から少ないほうの数をひいて解くことを身につけます。

2 問いかけが「どちらが　なんぼん　おおいですか」なので，これに合うように答えます。

3 **2**と同じ意味の設問ですが，問題文は先に少ないほうの数，後から多いほうの数が出てきます。「多いほうから少ないほうをひく」ことから，順番に関わらずひき算の式をつくります。

4 式をつくるときに必要な数が問題文に示されていないので，まず白ねこと黒ねこの数を数えます。次に多いほうから少ないほうをひく式をつくり，数のちがいだけを答えます。

チェックポイント 数のちがいだけを答える，どちらがいくつ多いかを答えるなど，さまざまな問いかけがあります。問題を最後まできちんと読み，答えが問いかけに合うかどうか確かめるように指導します。

●5日 10～11ページ

❶（しき）3+6=9　　（こたえ）9まい
❷（しき）7−2=5　　（こたえ）5ひき
❸（しき）8−6=2　　（こたえ）2まい
❹（しき）9−5=4　　（こたえ）4こ
❺（しき）8−3=5
　　（こたえ）ふなが　5ひき　おおい。
❻（しき）6+4=10　　（こたえ）10さつ
❼（しき）8−5=3　　（こたえ）3こ
❽（しき）6+2=8　　（こたえ）8わ

指導の手引き

❶ あわせた数をたし算で求めます。絵から式をつくる数を見つけます。

❷ のこりの数をひき算で求めます。

❹「ながいすに　おいた　ぬいぐるみ」の数を求めることが，残りの数を求める計算であることを長めの文章から読みとる必要があります。式がつくれないときはおはじきなどをぬいぐるみに見立て，本棚と長いすに指定した場所におはじきを置いてみせます。

❺ 数のちがいをひき算で求めます。

チェックポイント「どちらが　なんびき　おおいですか」という問いかけに合う答えを，全部文章で書けるかどうか確認しましょう。

❻「4さつ　かって　もらいました」とあるので，数が増える計算です。

❼ 数のちがいを求めます。多いほうの青い風船の数から，少ないほうの赤い風船の数をひきます。答えには数のちがいだけを書きます。

❽「きの　みき」と「すの　なか」にいるきつつきをあわせた数を求めます。

●6日 12～13ページ

(1)あ　(2)い　(3)い　(4)あ　(5)あ

1 (1)あ　(2)あ　(3)あ　(4)い　(5)い

2 いちばん　ながい　もの…ふで
いちばん　みじかい　もの…くれよん

指導の手引き

1 2つの長さを比べて，長いほうを選びます。まっすぐな線の長さを比べるときは，一方の端をそろえ，同じ方向(平行)に並べて比べます。端をそろえること，同じ方向に並べること，この2つのどちらか一方でも守られていない場合は，直接長さを比べることができません。下の図のように，端がそろっていないときはどちらが長いかわかりません。

(2)両端がそろっていますが，真横(水平)の向きに対してあは傾いています。

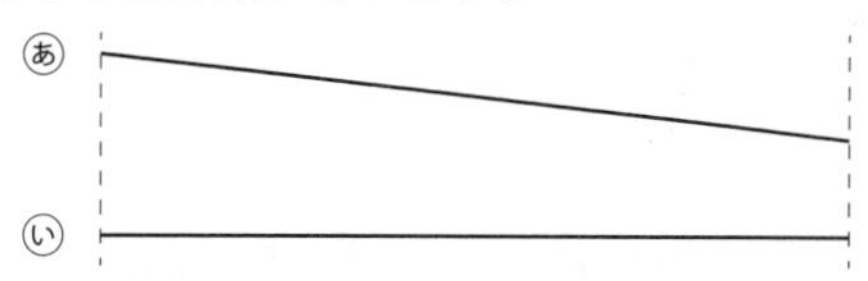

(4)あの長さは棒より短く，いの長さは棒と等しくなっています。
(5)クリップの数が，あは8つ，いは9つあるので，いのほうが長いことがわかります。

チェックポイント「同じ長さのものがいくつ分」で長さを比べます。

2 ます目の縦と横の1つ分の長さは同じであることを確認して，ます目の長さのいくつ分で長さを比べられることを理解させましょう。縦，横のどちらの向きに置いてもます目を数えることで長さを比べることができます。

●7日 14〜15ページ

(1)㋐　(2)㋑　(3)㋑　(4)㋐

1 (1)㋑　(2)㋑　(3)㋐

2 (1)いちばん　おおい　もの…㋐
　いちばん　すくない　もの…㋒
(2)いちばん　おおい　もの…㋑
　いちばん　すくない　もの…㋐

指導の手引き

1 水のかさの多い，少ないを比べる方法を学びます。１年生では底面積を容器の形，幅などのことばを使って表します。

(1)同じ形の容器に入れています。水面が高い㋑のほうがかさが多くなります。

(2)水面の高さが同じです。容器の幅が広い㋑のほうがかさが多くなります。
容器の形と水面の高さの２点を調べます。下の図のような場合には，どちらが多いか判断できません。その理由を考えてみましょう。

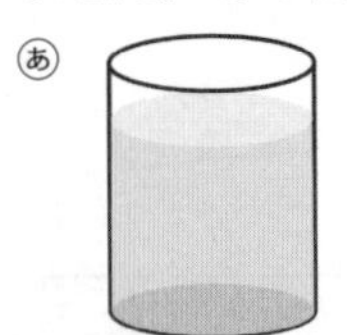

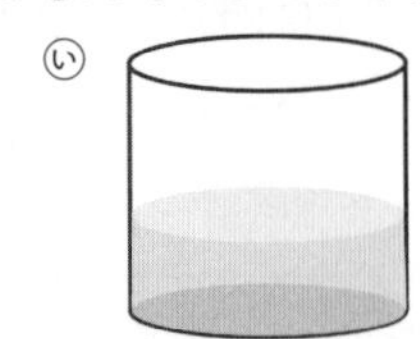

チェックポイント 容器に入っている水の量は，容器の形か水面の高さのどちらかが同じときに比べることができます。

(3)「同じかさのものがいくつ分」でかさを比べています。

2 (1)㋐と㋑を比べると，容器の形(幅)が同じなので水面が高い㋐のほうが多いことがわかります。㋑と㋒は水面の高さが同じなので，容器の幅が広い㋑のほうが多くなります。㋒より㋑のほうが多く，㋑より㋐のほうが多いので，㋐がいちばん多く，㋑が２番目，㋒がいちばん少ないことがわかります。

(2)同じかさのコップの何杯分でかさを比べています。３つの量を比べていますが，基準になるものが決まっているので簡単に比べられます。

●8日 16〜17ページ

(1)㋐　(2)㋑

(3)①16　②15　③㋐

1 ㋑

2 ㋑

3 (1)■○　□
(2)■　□○

指導の手引き

1 ２つの形の広さを，重ねて比べています。一方が他方に完全に含まれるように重なるときには，どちらが広いかがわかります。どちらもはみ出してしまう２つの形は，重ねても広さを比べることができません。

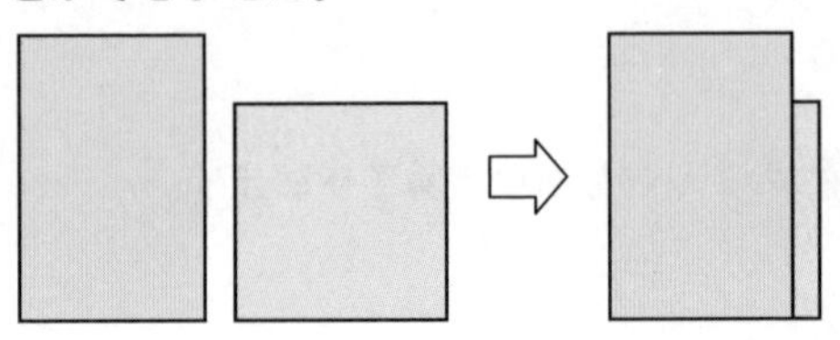

2 重ねて広さを比べることができない形は，ます目のいくつ分の広さか数えることで広さを比べることができます。長さやかさと同様に，「同じ広さのものがいくつ分」で比べます。
㋐はます目 12 個分の広さ，㋑はます目 13 個分の広さなので，㋑のほうが広くなります。

3 色分けされたます目の数を数えて広さを比べます。

(1)■はます目 15 個分，□はます目 13 個分なので，■のほうが広くなっています。右上の４個の□を下の図のように動かして■と入れかえると，■のほうが広いことがわかります。

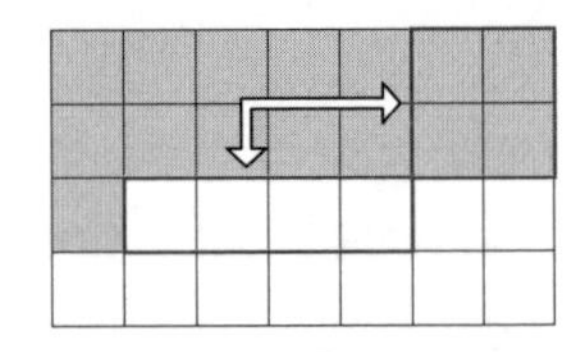

(2)■はます目 13 個分，□はます目 15 個分で，□のほうが広くなっています。(1)と同じように■と□のます目を入れかえて，□のほうが広いことを示しましょう。

●9日 18〜19ページ

1 (1)あ　(2)い
2 (1)あ　(2)い　(3)あ
3 あ
4 う
5 ■　□○
6 いちばん　ながい　もの…う
いちばん　みじかい　もの…え

指導の手引き

1 容器の形と水面の高さで判断します。
(1)水面の高さが同じで，あのほうが容器の幅が広いので，あのかさが多くなります。
(2)容器の形が同じで，いのほうが水面の高さが高いので，いのかさが多くなります。

2 (1)左端と右端がそろっていますが，折れ曲がっているあのほうが長くなります。あをまっすぐ伸ばし，いとそろえて長さを比べる様子を考えます。
(2)同じ長さの棒を当てて長さを比べています。あは棒が少し上に出ているので，棒の長さより短いことがわかります。いは棒が内側に入っているので，棒より長いことがわかります。このことから，長さは あ<棒<い の関係になります。
(3)▭のいくつ分かで長さを比べます。あは13個分，いは11個分で，あのほうが長くなります。

3 重ねたときにあの形の四隅がはみ出ているので，あのほうが広いことがわかります。

4 それぞれのかさがコップ何杯分にあたるか調べて，かさを比べます。

5 ■はます目17個分，□はます目18個分の広さです。

6 帯の長さを横方向の目盛りのいくつ分かで比べます。それぞれの帯の左端から，縦の線と線の間がいくつ分あるか数えます。あが9目盛り分，いが8目盛り分，うが10目盛り分，えが7目盛り分になります。

●10日 20〜21ページ

①3　②11　③11にん
1 ①9　②4　③13　④13わ
2 （しき）4+7=11　（こたえ）11ぴき
3 （しき）12+6=18　（こたえ）18ほん
4 （しき）40+30=70　（こたえ）70まい
5 ①5　②3　③6　④59

指導の手引き

1 まず，たされる数9があといくつで10になるかを考えます。あと1で10になることがわかったら，たす数4を1と3に分けます。9と1で10，10にあと3をたすと答えになります。おはじきを使って説明するとくり上がりの理解が定着します。

2 1と同様に，たされる数4が，あと6で10になると考えて，7を6と1に分けます。
たす数7があと3で10になると考えて，4を3と1に分けても求められます。どちらの数を10にしても正しく計算できます。

3 一の位の数を考えて，2+6=8
十の位の数1が表す10本のまとまりは変わらない(10のまとまりが増えたり減ったりしない)ので，計算の前後で考えに入れていないことを図で確かめます。

チェックポイント たし算で同じ位の数をたしあわせる意味を，10のまとまりと1がいくつに分けた絵を使って，視覚的に理解します。

4 10枚のまとまりが4つと3つあると考えて，4+3=7 より，まとまりは7つで，答えは70枚です。10のまとまりを絵で見せて，意味を確認しましょう。

5 十の位の数と一の位の数に分けてたし算をする考え方を説明します。自分の考えを正しく伝える力を養います。

●11日 22～23ページ

①8　②5　③5ひき

1 ①11　②9　③2　④ゆい　⑤2

2 ①5　②7　③5　④8

3 （しき）13−4=9　　（こたえ）9こ

4 （しき）58−5=53　　（こたえ）53こ

5 （しき）90−60=30　　（こたえ）30まい

指導の手引き

1 数のちがいを求める計算なので，ひき算をします。先に数の大小を判断して，大きい数から小さい数をひく式をつくります。11を10と1に分け，10−9=1，1+1=2と考えます。

2 くり下がりの計算の考え方を説明します。くり下がりの計算は，次の**3**の解説のように，別の考え方も習います。

3 ここでは，ひく数4を3と1に分けて考えます。
13からまず3をひいて，13−3=10
あと1個食べているので，10−1=9
はじめのひき算の結果が10になるようにして，さらに1をひきます。

チェックポイント　くり下がりの計算は2通りの考え方があります。どちらでも自在に計算と説明ができるようになるまで十分に練習しましょう。

4 ひかれる数の一の位8がひく数5より大きいので，一の位の数を計算します。計算は一の位だけ考えますが，文章題を解くときにつくる式や答えには，変わらない部分(この問題では十の位の数5)も書くことを確認します。

5 10のまとまりを使って考えます。全部の色紙の数は10のまとまりが9つ，赤い色紙の数は10のまとまりが6つと考えます。9−6=3より，黄色の色紙の数は10のまとまりが3つで30枚となります。

●12日 24～25ページ

①+　②18　③18こ　④−　⑤5　⑥5ひき

1 ①+　②17　③17ひき

2 （しき）9+7=16　　（こたえ）16こ

3 （しき）8−8=0　　（こたえ）0まい

4 （しき）11−6=5　　（こたえ）5まい

指導の手引き

問題文を読んで，たし算かひき算か判断する練習です。「のこり」ならひき算，「あわせる」があればたし算のようによく出てくることばに反応して単純に式をつくることは思考力を伸ばす上で効果的といえません。文章全体から数が増えるのか減るのか，合計を求めるのか差を求めるのかを判断するように心がけましょう。

1 2人で釣った魚の合計を求めるので，たし算の式をつくります。

2 入った玉の数の合計をたし算で求めます。それぞれが投げた玉の数(12個)は，問題の答えを求めるときには使いません。

チェックポイント　問題文にある数をどう使うかという発想ではなく，問題文から何を求めればよいかをしっかりつかむようにしましょう。

3 残りの数を求める計算で，ひき算の結果が0になります。答えの「0まい」は，色紙を全部使って残っていないことを表しています。
意味がわかりにくいときは，8枚の紙を8枚全部使う状況を見せて，残りがなくなることを示します。

4 表と裏のどちらかは必ず出ること，表が出ていない十円玉は裏が出ていることを十円玉を使って説明します。

●13日 26~27ページ

(1)①5　②8　③13

（①と　②は　いれかわって　いても　せいかいです。）

(2)ⓘ，ⓔ

1 ①6　②11　③17

（①と　②は　いれかわって　いても　せいかいです。）

2 ⓘ

3 (1)ⓐ…11　ⓘ…6　ⓤ…17

(2)ⓔ…8　ⓞ…10　ⓚ…7

指導の手引き

1 2つの数を順にたしてさがします。4+6，4+9，…のように，小さい数からたす数をひとつずつ大きい数にかえていくと早く見つけることができます。

2 ⓐ，ⓘの文から式をつくり，50−30の式になるほうを選びます。

3 まず，計算のきまりを問題文から読みとり，（れい）の数が自分の読みとったきまり通りに並んでいるか確認しましょう。

(1)ⓐ9+2=11

ⓘ2+4=6

ⓤは，ⓐとⓘの答えの数をあわせます。

(2)ⓔ5+3=8

ⓞは左上の18とⓔの答えを使って求めます。ⓔの答えの8とⓞの数をあわせて18になることから，18から8をひいて求めます。

ⓚも同じ考え方で，3とⓞの答えの10を使って求めます。

チェックポイント　出した答えが，きまり通りに並んでいるかどうか必ず確かめましょう。

●14日 28~29ページ

1 （しき）60+40=100　　（こたえ）100こ

2 (1)17−9

(2)11+4　（4+11でも　せいかいです。）

3 （しき）24+4=28　　（こたえ）28ほん

4 ⓤ，ⓘ，ⓐ，ⓔ

5 (1)ⓐ…4　ⓘ…2を　ひく　ⓤ…9を　たす

(2)ⓔ…16　ⓞ…14　ⓚ…2を　たす

6 （しき）90−70=20

（こたえ）さんすうが　20てん　たかい。

指導の手引き

1 問題文には「あわせる」に近い意味のことばがありません。くまとりすがどんぐりを分けている場面を想像し，分けたどんぐりをあわせると全部のどんぐりの数が求められることをつかみましょう。

2 (1)17，11，9，4からどの2つの数を選んでもたした答えが8にならないので，□□□=8はひき算の式であることがわかります。

4 式を2つずつ比べて順番を決める方法で考えてみましょう。

（ⓐとⓘ）　12+5より13+5が大きい。

（ⓘとⓤ）　13+5より13+6が大きい。

（ⓐとⓔ）　12+5より12+4が小さい。

チェックポイント　ⓐとⓘではⓘのほうが大きく，ⓘとⓤではⓤのほうが大きいときは，大きいほうからⓤ，ⓘ，ⓐの順になります。

5 (1)ⓐ9−5=4

ⓘ15から2をひくと13になります。

ⓤ4に9をたすと13になります。

(2)ⓔ19−3=16

ⓞ2をたすと16になるので14です。

ⓚ12に2をたすと14になります。

6 点数が高い算数の90点から国語の70点をひきます。答え方にも注意します。

●15日 30〜31ページ

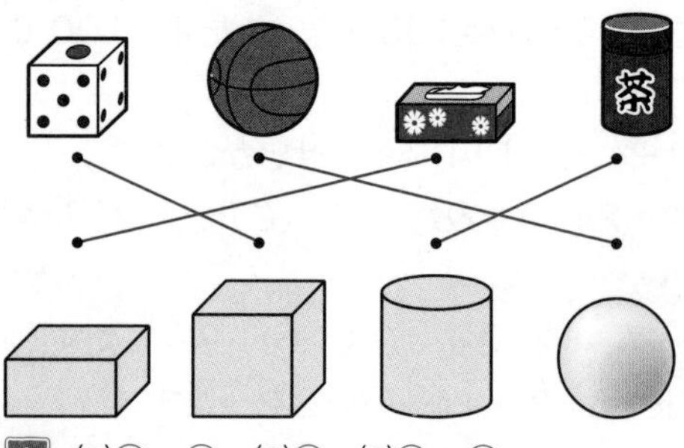

1 (1)あ，お　(2)う　(3)え，か

2 (1)あ，え　(2)う　(3)あ，え，お

3 (1)2つ　(2)2つ　(3)1つ　(4)3つ

指導の手引き

1 「はこの　かたち」「さいころの　かたち」「つつの　かたち」と「どこから　見ても　まるい　かたち(ボール)」の4つの形について，その特徴をつかみ，似ているものをさがして分類できるようにします。実際のものには出っ張りやへこみなどがありますが，おおまかに似ている形としてとらえます。

(1)「はこの　かたち」です。あ，おとも問題に示した形とはかなり違って見えますが，実際の箱にもいろいろな形や大きさのものがあることを実物で示すことで，同じ仲間であることの理解が深まります。

(2)「さいころの　かたち」です。「はこの　かたち」の特別な場合ですが，「はこの　かたち」とは分けて扱います。

(3)「つつの　かたち」です。平らな面(底面の円)と平らでない面(側面)の両方があることをおさえましょう。

「はこの　かたち」,「さいころの　かたち」は平らな面だけでできています。「どこから　見ても　まるい　かたち」には平らな面がないことを，ボールを持たせて実感させましょう。

2 (3)「つつの　かたち」「まるい　かたち」には平らでない面があるので，転がります。

3 大きさや形の違いにとらわれずに，全体の形の特徴をとらえて分類します。

●16日 32〜33ページ

(1)う　(2)あ　(3)い

1 (1)う　(2)い

2

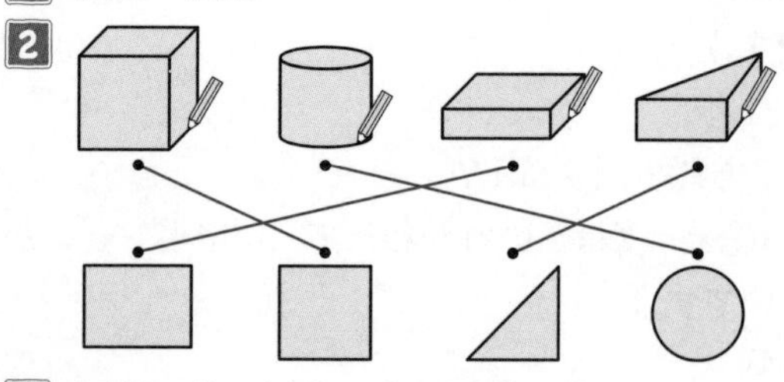

3 (1)あ，う　(2)う，え　(3)い，う

指導の手引き

1 (1)と(2)は，どちらも同じ「はこの　かたち」のつみ木を使っています。「はこの　かたち」を向きを変えて置くと，形や大きさが異なる形が写しとれます。真上から見た形が紙に写しとれることを理解させましょう。実際の作業ではうまく形を写すために鉛筆を持ちかえたり，机の上で紙と箱をいっしょにまわしたり，さまざまな工夫が必要になります。お菓子の箱などを使って実際に写しとってみましょう。

チェックポイント　紙に写しとれる形は真上から見た形です。

2 真上から見た形が紙に写しとれます。「さいころの　かたち」は正面から見た形が答えになるので，なんとなく正解できているかもしれません。どの面も正方形ですが，上の面は斜め上から見ると図のように平行四辺形状になります。
「つつの　かたち」では，写しとっている形が真上から見た形であることが実感できます。円柱状の缶などを使って，真上から見た形と斜め上から見た形は違っていることを確かめましょう。

3 (1)真上から見た正方形と側面の長方形が写しとれます。

(2)三角柱を横にして置いています。この向きで長方形，立てると三角形が写しとれます。

(3)斜めになっている長方形と正面に見える三角形が写しとれます。

●17日 34〜35ページ

(1)2まい　(2)3まい　(3)3まい

(4)4まい　(5)4まい　(6)3まい

1 (1)

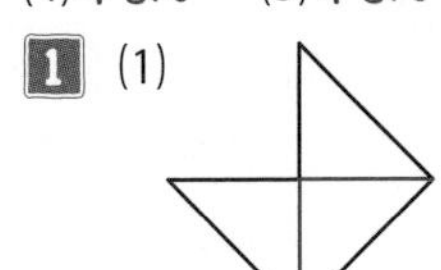

(2)

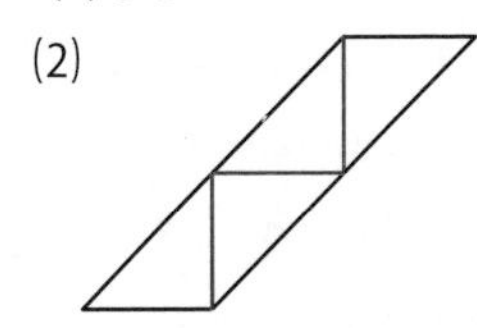

2 (1)4まい　(2)3まい　(3)4まい

(4)7まい　(5)5まい　(6)5まい

3 (1)ⓔ　(2)ⓚ　(3)ⓢ

指導の手引き

1 ◺の板を，向きを変えて並べています。辺の長さに注意して，合わせたところに線を入れます。

2 板の並べ方の例です。他にも並べ方があります。(2)(5)(6)の板の向きに注意しましょう。

(2)

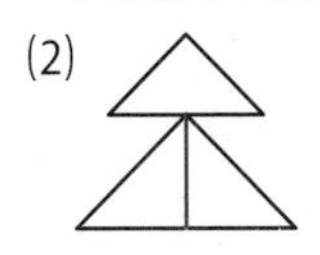

(4)

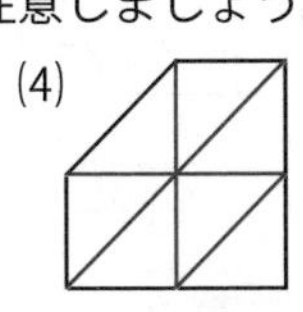

(5)

(6)

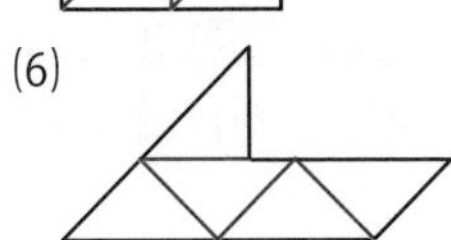

3 1回の移動で板1枚だけ動かしています。動かさない3枚がつくる形や合わせ方は変わらないので，左の図と右の図で変わっていない3枚をさがします。

> **チェックポイント** 形や合わせ方が変わっていないところに注目します。

(1)ⓐ，ⓘ，ⓤの3枚はつくる形が変わっていません。この3枚の周りを囲う線をひくと，動いていないことがよくわかります。

(2)左の図でⓚ，ⓚ，ⓚの3枚の周りを線で囲み，右の図で形が変わらないところをさがしましょう。

●18日 36〜37ページ

(1)①3本　②7本　③6本

(2)

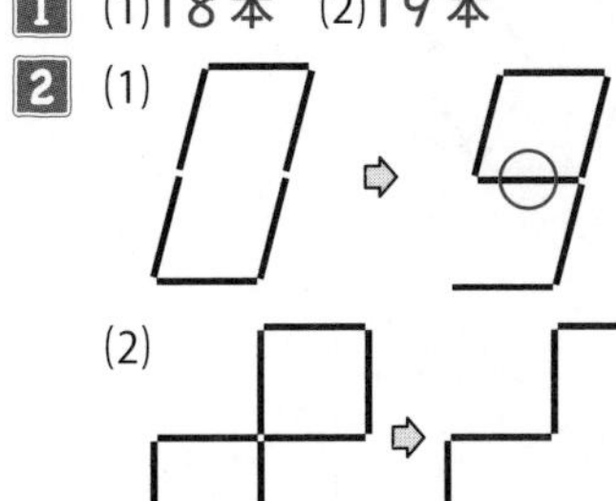

1 (1)18本　(2)19本

2 (1)

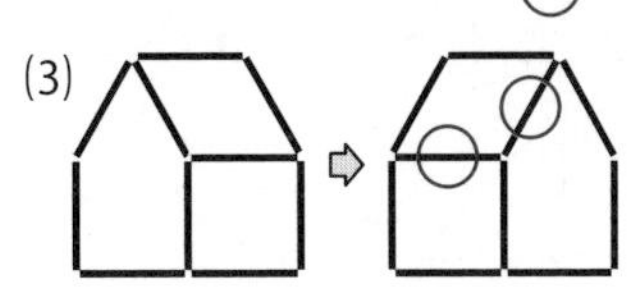

(2)

(3)

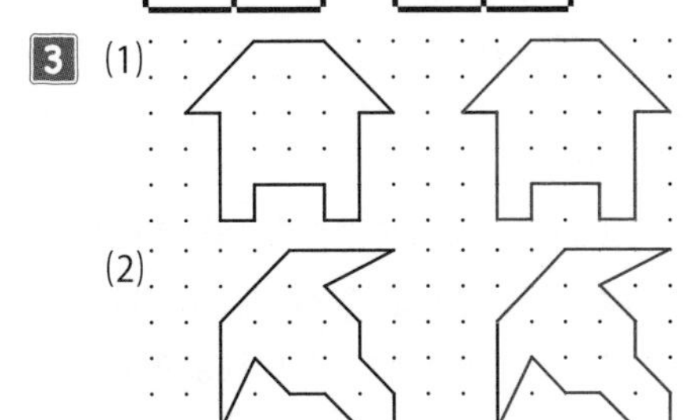

3 (1)

(2)

指導の手引き

1 数え落としのないように，数えた棒にしるしをつけて数えます。棒の向きや形に注意して，できるだけ規則的に数えたり，左から右，上から下のように数え進む方向を決めて数えるなどの工夫をしましょう。速く，正確に数えることができます。

2 右の図と左の図を重ねたときに，右の図にあって左の図にない棒をさがします。

3 直線は，定規を使って1本ずつていねいにひきましょう。「下に点3つ分」「右に2つ，上に2つ」のように，終点の位置を決めると，ひく直線の長さや向きも決まります。

●19日 38～39ページ

❶ (1)

(2)

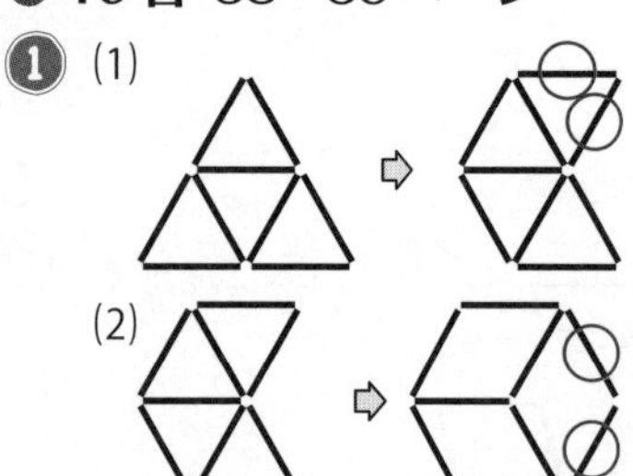

❷ (1)5まい　(2)4まい

❸

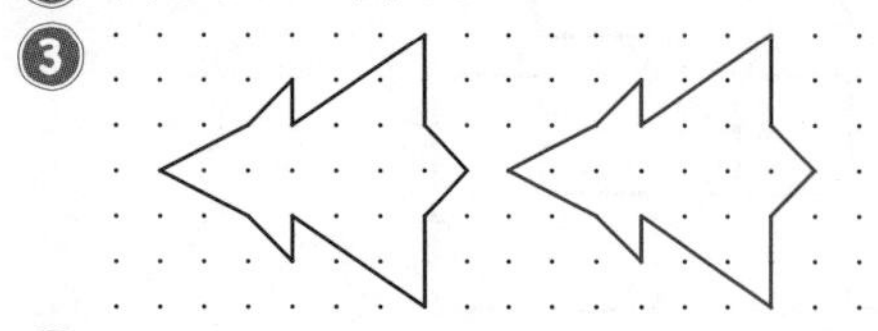

❹ (1)4つ　(2)2つ　(3)1つ　(4)2つ

❺ (1)　(2)

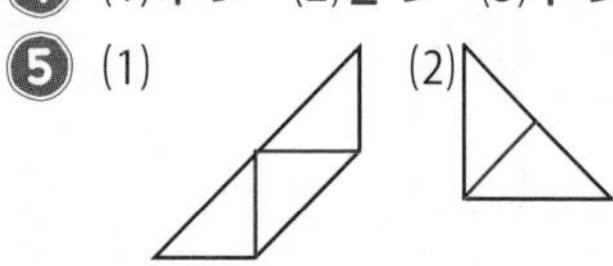

❻ ㋓

指導の手引き

❶ 下の図で色をつけた部分の形が変わっていません。形が変わっていないところに目をつけると動かしたところがわかりやすくなります。

(1)

(2)

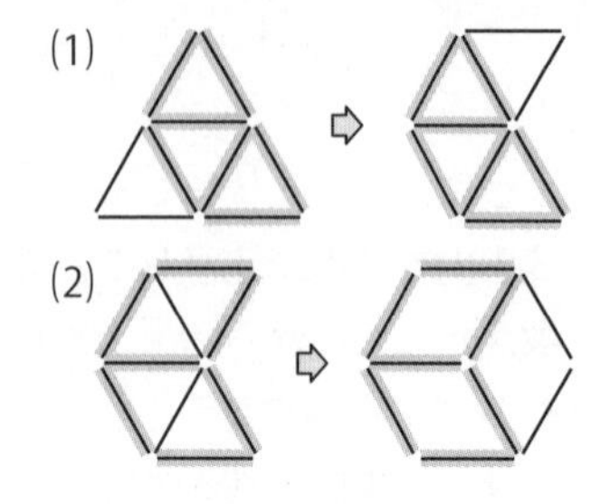

❷ 板の並べ方の例です。

(1)

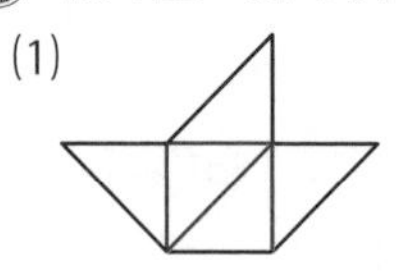

(2)

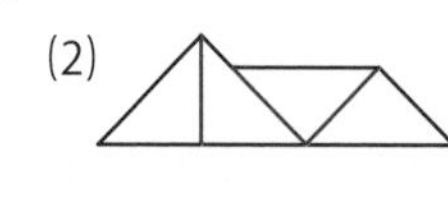

❹ (1)「つつの　かたち」は手前の2つの球の下と，奥の平らな板状の「はこの　かたち」を支えている2本の柱のところに使われています。

●20日 40～41ページ

①6　②9　③4　④2　⑤3　⑥9　⑦9ひき

1 ①＋　②＋　③10　④10こ

2 (しき) 6+4+5=15　　(こたえ) 15わ

3 (しき) 14−4−3=7　　(こたえ) 7人

4 (しき) 15−3−7=5　　(こたえ) 5人

指導の手引き

1 3つの数の計算です。これまでのたし算とひき算の学習では，つくる式が ○+□=△，○−□=△ の形に限定されています。文章の内容によって，この形の式では表すことができないことがらがあることを学びます。ここでは問題文に2回の動きがある内容を，たし算やひき算の式で表すことを習います。
問題中に「かって　きました」「もらいました」という動作があります。買ったりもらったりすると，はじめの数から増えるので，2回たし算をします。計算は前の2つの数から順にします。

$\underbrace{5+3}+2=10$

先に計算　8

次に計算　8+2=10

チェックポイント　2回の動きを式で続けて表します。計算は前から順にします。

2 4羽飛んできて，さらに5羽飛んできたので，(はじめの数)+4+5 の式になります。

3 4人降りて，次で3人降りたので，(はじめの数)−4−3 の式になります。

4 3人帰って，そのあと7人帰るので，(はじめの数)−3−7 の式になります。

こたえ

●21日 42~43ページ

①4　②9　③−　④+　⑤9　⑥9ひき

1 ①+　②−　③7　④7せき

2 （しき）5−3+8=10　（こたえ）10ぴき

3 （しき）4+6−3=7　（こたえ）7まい

4 （しき）13−3+2=12　（こたえ）12だい

指導の手引き

1 前回に続いて3つの数の計算です。2回の動きにたし算とひき算の両方がある場合の式のつくり方とその計算を学びます。
船が港に入ってくると数が増え，港から出ると数が減ります。「入る」ことはたし算で，「出る」ことはひき算で表されることを確認しましょう。

5せき 入る　2せき 出る

（はじめの数）+5　−2

たし算とひき算が混じった計算でも，前から順に計算します。

4+5−2=7
先に計算　9
次に計算　9−2=7

チェックポイント　**数が変わる順番通りに，たし算とひき算が混じった式をつくります。**

2 木の上のさるの数に注目します。木から降りると数が減るのでひき算，木に登ると数が増えるのでたし算をします。

3 6枚もらい，3枚使っています。
(はじめの数)+6−3 の式になります。

4 3台出て，2台来たので，
(はじめの数)−3+2 の式になります。

●22日 44~45ページ

①みじかい　②4　③4　④7　⑤8　⑥7

1 (1)10じ　(2)6じ
(3)1じはん　(4)5じはん
(5)11じ　(6)11じはん

2 (1)

(2)

(3)

指導の手引き

1 (1)「○時」の時刻を読みます。
短い針が「10」を指しているので10時です。長い針が「12」を指していることを必ず確かめましょう。

(3)「○時半」の時刻を読みます。
1時半が「1時」と「2時」のちょうど真ん中の時刻であることを理解しましょう。時計の針を実際に，1時→1時半→2時 と動かして，それぞれ長針が1周りの半分だけ進むこと，文字盤の大きな目盛りの6つ分進むことを見せると，1時半が1時と2時の真ん中であることが実感できます。もう一度，1時→1時半→2時 と動かし，短針の動きについて気づいたことを尋ねてみましょう。

チェックポイント　**○時から○時半の間の長針と短針の動き方を説明できるようにしましょう。**

2 (3)「○時半」の時刻の短針は「○時」のところから大きな目盛りの半分だけ進めた位置になります。

●23日 46〜47ページ

①4　②2　③10　④4　⑤12

1 (1)8じ20ぷん　(2)6じ45ふん

2 (1)10じ9ふん　(2)12じ48ふん
(3)3じ37ふん　(4)1じ26ぷん
(5)8じ42ふん　(6)11じ58ふん

3 (1)

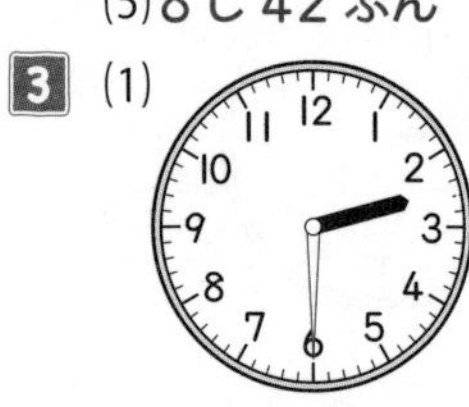

(2)

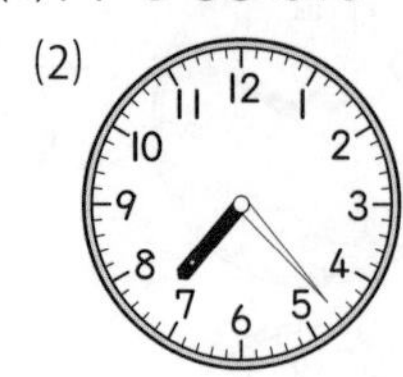

(3)

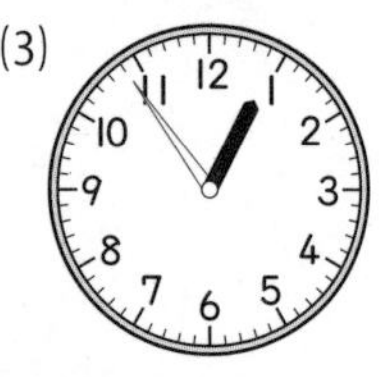

指導の手引き

46ページの絵と実際の時計を使って，次のことを確認しましょう。

・長い針が文字盤の小さい目盛り1つ分を進むのに1分かかる。
・長い針が「12」を指す時刻が0分で，小さい目盛り1つ進むごとに1分，2分，3分，4分，…と時刻が進む。
・長い針が「1」に来ると5分，「2」で10分，「3」で15分，「12」に来ると60分で1時間進む。

チェックポイント　文字盤の数字と，長針がその位置にあるときの時刻(分)を対応させて覚えましょう。偶数は何十分，「3」は15分，「9」は45分です。

2 (2)「8」(40分)から8目盛り進んでいるので，48分と読みます。他にも「9」(45分)から3目盛りなので，45，46，47，48で48分。さらに「10」(50分)の2目盛り手前なので50，49，48のように読むこともできます。さまざまな方法で時刻を読みましょう。

3 (2)「4」(20分)から3目盛り進めたところを指すように長い針をかき入れます。

●24日 48〜49ページ

①3　②6　③3　④9　⑤9さつ

1 ①+　②14　③14人

2 (しき) 10−8=2　(こたえ) 2こ

3 (しき) 8−3=5　(こたえ) 5人

4 (しき) 9+4=13　(こたえ) 13こ

指導の手引き

1 たし算やひき算では，同じものの数をたしたりひいたりします。「8」はいすの数で「6」は人の数なので，たすことはできません。8つのいすに1人ずつ座るので，いすに座っている人が8人いるということを問題文から読みとって，はじめて8と後ろに立っている人数を表す6をたすことができます。式の中の8と6がそれぞれ何を表している数なのか，理解させましょう。

チェックポイント　式が何の数を求めているのか，それぞれの数が何を表しているのか，問題文をしっかり読みとりましょう。

2 式で，10−8=2 の「8」は，子どもの数ではなくおもちゃの数を表しています。どんなおもちゃの数か，尋ねてみましょう。(子どもが取ったおもちゃの数)

3 式で，8−3=5 は，全部のいすの数(8)から余ったいすの数(3)をひいて，子どもが座っているいすの数を求めています。
1つのいすに子どもが1人ずつ座るので，子どもが5人いることになります。

4 式の「9」は，からすが取っていったりんごの数を表しています。

●25日 50〜51ページ

❶（しき）11+5−2=14　（こたえ）14まい

❷（しき）12+4=16　（こたえ）16人

❸（しき）3+7+5=15　（こたえ）15まい

❹ (1)

(2)

❺ (1)5じ35ふん　(2)11じ19ふん

❻（しき）15−3=12　（こたえ）12人

❼（しき）7−4+7=10　（こたえ）10わ

❽（しき）8−6=2　（こたえ）2本

指導の手引き

❶ 5枚もらって2枚食べたので，
(はじめの数)+5−2 の式になります。

❷ 12台の一輪車に乗れる子どもは12人です。これに乗れない子ども4人をあわせた式をつくります。

❸ 7枚もらって5枚買ってきたので，
(はじめの数)+7+5 の式になります。

❹ (2)「6じはん」は6時と7時の間の真ん中の時間なので，短い針を6時と7時の真ん中を指すようにかきます。

❺ (2)長い針が「4」(20分)の1目盛り手前を指しているので，19分です。

❻ 式 15−3=12 は，子どもに配った折り紙の数を求めています。12枚の折り紙を1人に1枚ずつ配っているので，子どもの数は12人です。

❼「4わ　出て」は，数が減るのでひき算，「7わ入り」は，増えるのでたし算になります。1つの式に書くと，(はじめの数)−4+7 になります。

❽ ジュースの数について式をつくります。
式 8−6=2 の6は子どもの数ではなく，子どもに配ったジュースの数を表しています。

●26日 52〜53ページ

(1)あや　(2)6ばん目

(3)①6　②5　③5人

1 ①8　②1　③7　④7人

2（しき）8−3=5　（こたえ）5人

3（しき）9−3=6　（こたえ）6ばん目

4（しき）4+6=10　（こたえ）10人

指導の手引き

1 ゆかりさんが8番目なので，いちばん前からゆかりさんまでで8人います。ゆかりさんより前にいる人数は，8人からゆかりさん自身の1人をひいた7人です。

チェックポイント **順番と人数の関係を整理しましょう。自分の順番は自分を含めた人数と同じ数で，「自分より前にいる人数」は自分を除いて考えることに注意します。**

2

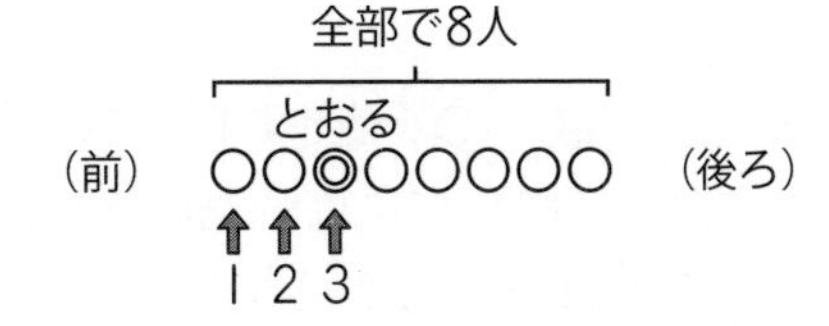

3 さなえさんの後ろに3人います。全部の9人からその3人をひくと，いちばん前からさなえさんまでの人数が6人とわかります。さなえさんを含めた人数はさなえさんの順番と同じ数なので，前から6番目です。簡単な図をかいて確かめましょう。

全部で9人
(前)　○○○○○◎○○○　(後ろ)
さなえ　後ろに3人

4 いちばん前からよしおさんまでに4人，よしおさんより後ろに6人歩いているので，全部の人数は 4+6 で求められます。

●27日 54〜55ページ

①1　②6　③6人

1 （しき）10−4−1=5　（こたえ）5人

2 （しき）8−5−1=2　（こたえ）2人

3 （しき）9−5−1=3　（こたえ）3人

4 （しき）4+1+3=8　（こたえ）8人

5 （しき）15−5−4=6　（こたえ）6人

指導の手引き

1

全部で10人

（前）○○○○○◎○○○○（後ろ）

のぞみ　後ろに4人

2

全部で8人

（前）○○○○○◎○○（後ろ）

前に5人　なおこ

なおこさんより後ろにいる人数は，全部の8人から前にいる5人となおこさん自身の1人をひきます。

チェックポイント　○を使って並んでいる人を表す図をかき，問題文の中の人物の位置や人数が図の上でどこにあたるかを考えます。

3 ふみやさんの前にいる人数は，全部の9人から，後ろにいる5人と，ふみやさん自身の1人をひいて求めます。

4 前にいる4人と，しょうたさん自身の1人と，後ろにいる3人をあわせると全部の人数になります。

5 いちばん前からるみさんまでの人数は，るみさんが前から5番目なので5人です。るみさんの次の人からほのかさんまでの人数は4人です。全部の数からこの5人と4人をひくと，ほのかさんより後ろにいる人数になります。

るみ　ほのか

（前）○○○○◎○○○◎○○○○○○○（後ろ）

1 2 3 4

るみさんの
次の人から数える

●28日 56〜57ページ

①+　②12　③12こ　④−　⑤7　⑥7かい

1 ①+　②9　③9こ

2 （しき）14−4=10　（こたえ）10わ

3 （しき）10+2=12　（こたえ）12人

4 （しき）11−2=9　（こたえ）9本

指導の手引き

1 「〜より…多い」「〜より…少ない」関係について考えます。「何が何よりどれだけ多い(少ない)」のか，問題文から2つの数とそのちがいを意識して抜きだすように心がけます。

姉は，7個食べたみかこさんよりさらに2個多く食べています。7個より2個多いので，式は7+2 になります。

2 はととすずめの数で，どちらが多いか読みとりましょう。はとは14羽のすずめより4羽少ないので，14−4 で求めます。

すずめ　○○○○○○○○○○○○○○

はと　□□□□□□□□□□

4羽少ない

チェックポイント　問題文の「はとは　すずめより　4わ　すくない」に目をつけて，すずめの数は14羽なので「はとの数は14羽のすずめより4羽少ない」という意味であることを，図を使いながら付け加えるとよいでしょう。

3 女の子は10人の男の子より2人多いので，10+2 で求めます。

男の子　○○○○○○○○○○

女の子　□□□□□□□□□□□□

2人多い

●29日 58～59ページ

①2　②2　③6　④6こ　⑤5　⑥2　⑦2　⑧2

1 ①4　②4　③4　④12　⑤12本

2 (1)3こ　(2)2こ

3 6人

指導の手引き

1 「4本ずつで3人分」の鉛筆の数は，
4+4+4=12 で求められます。

> **チェックポイント** 「○個ずつで□個分」の数は，○を□個たした数になります。

2 (1)2枚の皿の絵に交互に○をかいて考えます。
1個ずつだと，分けられたのは 1+1=2(個)で，まだ4個余っています。
2個ずつでも，分けられたのは 2+2=4(個)で，まだ2個余っています。
3個ずつだと，3+3=6(個)
これで，はじめにあった6個すべてが分けられたことになるので，答えは3個です。

1個ずつ
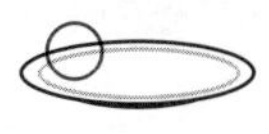
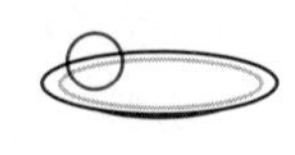

2個ずつ

3個ずつ

(2)3枚の皿に分けます。
1個ずつ○をかくと，分けられたのは
1+1+1=3(個)
2個ずつで，2+2+2=6(個)となります。

3 18枚並んでいるクッキーの絵を，3枚ずつ囲んで分けていくとよいでしょう。全部で6つに分けられるので，6人にあげられることになります。

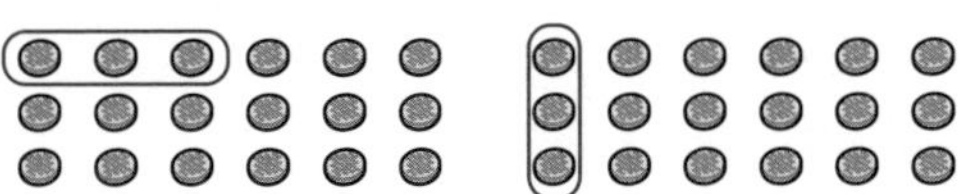

●30日 60～61ページ

❶ (しき) 6+1=7　(こたえ) 7ばん目

❷ (しき) 18−7=11　(こたえ) 11だい

❸ 4こ

❹ (しき) 2+1+3=6　(こたえ) 6人
(しきは　2+3+1=6 でも　正かいです)

❺ (しき) 12−5=7　(こたえ) 7人

❻ (しき) 7−3=4　(こたえ) 4ひき

❼ (しき) 5+5+5=15　(こたえ) 15さつ

❽ (しき) 8+2=10　(こたえ) 10こ

指導の手引き

❷ バイクは18台の自転車より7台少ないので，
18−7 で求めます。

❸ 2つのかごに1個ずつで 1+1=2(個)，2個ずつで 2+2=4(個)，3個ずつで 3+3=6(個)，4個ずつのとき 4+4=8(個) になるので，1つのかごのみかんの数は4個になります。

❹ 簡単な図をかいて確かめましょう。

さとる
(前)　○○◎○○○　(後ろ)
前に2人　後ろに3人

前の2人と，さとるさん自身の1人と，後ろの3人をあわせます。

❺ いちばん前からゆうかさんまでの人数は5人です。ゆうかさんの後ろにいる人数は
12−5=7 で求めます。

❻ 白ねこの数は7ひきの黒ねこより3びき少ないので，7−3 で求めます。

黒ねこ　○○○○○○○
白ねこ　□□□□⬚⬚⬚
3びき少ない

❼ 「5冊ずつで3人分」なので，5を3回たします。

● **しんきゅうテスト 62〜64 ページ**

❶（しき）70−60=10
（こたえ）トマトが 10こ おおい。

❷（しき）5+4=9 （こたえ）9かい

❸ (1)ⓘ，ⓔ (2)ⓞ (3)ⓐ，ⓤ

❹ (1)10じ15ふん (2)

❺ ⓘ，ⓔ

❻（しき）10−3+9=16 （こたえ）16人

❼（しき）6−1=5 （こたえ）5さつ

❽ (1)1本 (2)2本 (3)3本

指導の手引き

❶ 2つの数のちがいを求めるので，大きいほうの数から小さいほうの数をひきます。

❷ ゆうたさんは5回当てたけんじさんより4回多く当てたので，当てた回数は 5+4 で求めます。

❸ (1)上から見た形(三角形)と，正面に見える形(長方形)を下にして写した形の2つを選びます。
(2)「つつの かたち」には平らな面が上から見た丸い形(円)しかありません。平らでない面は紙に写しとることができません。茶筒などを横にして紙の上に置くと，形が写しとれないことが理解できます。
(3)上から見た形(正方形)と，正面に見える細長い形(長方形)を下にして写した形の2つを選びます。図で正面の右横に見える長方形は，正面から見た長方形と同じ形です。

❹ (1)長い針が文字盤の「3」を指しているので，15分です。
(2)文字盤の「9」のところが45分の位置なので，そこから3目盛り進めます。

❺ ⓐからⓔの問いに対する式をつくり，「13−5」になるものを2つ選びます。
ⓐかめとかえるの数をあわせるので，たし算をします。
ⓘちがいを求めるので，数の多いほうから少ないほうをひきます。
ⓤさとしさんの前にいる5人と，さとしさん自身の1人をひくので，式は 13−5−1 になります。
ⓔなしは13個のりんごより5個少ないので，13−5 の式で求めます。

❻ 3人降りて，9人乗ります。
(はじめの数)−3+9 の式になります。
3つの数の計算では，前から順に計算します。

10−3+9=16
先に計算 7
次に計算 7+9=16

❼ 図鑑は左から6番目なので，左端から図鑑までの本の数は6冊です。図鑑より左側の本の冊数を答えるので，図鑑の1冊分をひいた5冊になります。

❽ 下の図でしるしをつけた棒を動かします。

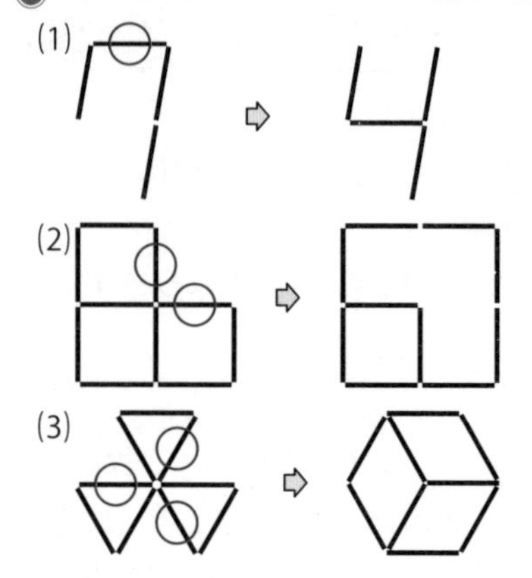